设施无花果
栽培理论与实践

SHESHI WUHUAGUO
ZAIPEI LILUN YU SHIJIAN

沈元月 等 ◎ 著

中国农业出版社
农村读物出版社
北京

图书在版编目（CIP）数据

设施无花果栽培理论与实践 / 沈元月等著 . —北京：中国农业出版社，2022.12
ISBN 978-7-109-30482-6

Ⅰ . ①设… Ⅱ . ①沈… Ⅲ . ①无花果－果树园艺－设施农业 Ⅳ . ①S628

中国国家版本馆 CIP 数据核字（2023）第 039268 号

设施无花果栽培理论与实践
SHESHI WUHUAGUO ZAIPEI LILUN YU SHIJIAN

中国农业出版社出版
地址：北京市朝阳区麦子店街 18 号楼
邮编：100125
责任编辑：李　瑜　杨彦君　黄　宇
版式设计：王　晨　　责任校对：李伊然
印刷：中农印务有限公司
版次：2022 年 12 月第 1 版
印次：2022 年 12 月北京第 1 次印刷
发行：新华书店北京发行所
开本：880mm×1230mm　1/32
印张：2.75　　插页：5
字数：65 千字
定价：48.00 元

■著者名单（按姓氏音序排列）：

白　倩　陈雪雪　高　凡　郭家选

黄　芸　孔军强　乔　菡　沈元月

王　敏　王庆华　熊仁科　张　涵

致　谢：

1. 国家自然科学基金重点项目（32030100）非呼吸跃变型果实成熟的信号转导机制及品质调控，2021.01-2025.12. 283万元。

2. 国家重点研发计划项目子课题（2018YFD1000200）脱落酸调控果实糖积累的分子机制研究，2018.07-2022.12. 78万元。

3. 四川龙蟒福生科技有限责任公司（2018001）ABA调控植物节水及品质的生理及分子机制，2018.06-2021.12. 30万元。

4. 中华人民共和国生态环境部　北京珍惜及野生果树资源调查，2008.01-2009.12. 110万元。

前言

　　桑科（Moraceae）植物是一类数量众多的双子叶植物，约有 1 400 种，主产于热带和亚热带地区，其分类最初由瑞典生物学家林奈在 1753 年提出。中国植物志用 Engler 系统将桑科植物分为 12 个属，即见血封喉属、波罗蜜属、构属、大麻属、柘属、水蛇麻属、榕属、葎草属、橙桑属、牛筋藤属、桑属和鹊肾树属。桑科植物大多含有乳汁，且桑科植物的乳汁成分十分复杂并具有重要的应用价值。

　　榕属（Ficus）植物在全世界共 750 余种，是独具特色的热带、亚热带植物区系的重要组成部分，并且是构成热带、南亚热带雨林标志性景观：气根、板根、绞杀、老茎生花等现象的主要类群。榕属植物分布于世界各地，是全世界分布最广泛的热带、亚热带木本植物之一，具有特殊的生态地位，与其传粉小蜂的互惠共生关系广为人知。

　　无花果是桑科榕属植物，自榕属的第一个分类系统起即被分支出来，无花果具有大部分桑科榕属植物的重要特性，例如其植株及未成熟的果实内含有大量乳汁、可以与榕小蜂协同进化等，其营养和药用价值以及特殊的生态学意义尤为显著。

　　无花果是一种亚热带落叶小乔木或灌木，是一种古老的经济作物。无花果起源于地中海沿岸的西亚沙特阿拉伯、也门一带的沙漠绿洲，是人类最早驯化的经济作物之一，在公元前 37 年的罗马书籍《论农业》中就已经记载了无花果的种植。在五千多年前的古欧罗巴洲传说中，无花果已被称为圣果，具有很高的宗教价值，并出现在各种祭祀活动中。据史料记载，早在公元前 3 世纪的希腊，人们就已经在无花果的果孔处使用植物油处理，来促进无花果果实的成熟。时至今日，在地中海沿岸各国，无花果仍是大面积广泛种植的经济作物。

无花果在欧洲地中海地区大面积种植后，在汉代经丝绸之路进入我国新疆地区并开始种植，在 19 世纪末期由英国人引入胶东半岛。无花果在我国已经有两千多年的栽培历史，大约在唐代引种到甘肃、陕西一带，明代《食物本草》是使用无花果这一名称的最早记载。除此之外，在《本草纲目》与《群芳谱》中均有扦插繁殖无花果的相关记录。

今天，发达的科学技术和经济驱动让这种神奇又独特的果树再一次焕发出了别样的活力。高端控温的温室让无花果可以做到周年结果，广泛的栽培和关注，让它的营养价值和药用价值进一步被发掘，也让更多的人认识、了解、喜爱这种神奇的植物。随着北京都市型现代农业的发展，北京农学院将无花果引种至北京进行设施栽培，对品种、栽培技术、成熟与调控的生理机制等进行了研究，希望对未来北京的无花果产业发展有所帮助。

著　者

目录

第一章

无花果概述

一、形态及分类

无花果（*Ficus carica* Linn）属于桑科（Moraceae）榕属（*Ficus L.*），为亚热带灌木或小乔木，树体内乳管发达，切断枝条、叶片及果实后都会有白色的乳液流出。株高一般不超过4m，主干明显，树皮灰褐色，平滑或有纵裂；单叶互生，多有掌状深裂，边缘具不规则钝齿，表面粗糙，密生灰色短柔毛；变态花肉质，位于果实内部，花柄与果肉相连；种子呈圆形，位于花前端；花序轴仅顶端有一个小孔，小孔周围有苞片数枚，覆瓦状排列掩盖孔口，内部的花从外边完全看不到，在植物学上称为隐头花序，一个花序即为一个果实；果实整体呈长卵圆形或圆形，颜色可分为青色、黄色或红色，果实表面有果棱不规则分布，果实底部有圆形果孔；果柄短而细，位于叶腋上部，多数为一节一叶一果。

无花果的种质资源非常丰富，全世界栽培品种超过700个，且分布极为广泛。因此可以按照不同的标准对其进行分类。目前主要根据无花果结果特性将栽培型无花果分为4类：

1. **普通类型**（common）　此类无花果雄花着生在花托上部，花序主要为中性花和少数长花柱雌花，不需授粉就能结实，形成一种可食用的聚合肉质果实。同时，长花柱雌花经人工授粉还可获得种子。目前世界范围内无花果栽培品种绝大多数为此类型。第一批果或有或无，第二批果可不经过受精而成熟。

2. **原生类型**（Capri）　原产于小亚细亚及阿拉伯一带的野生种。花序中有雄花、雌花、虫瘿花。雄花着生于花托的上半部，虫瘿花密生，雌花少数，均着生于花托的下半部。在温暖地区，此类型的无花果可陆续结果 3 次，即春果、夏果、秋果，但果形小，食用价值低，常作为授粉树栽培。

3. **斯密尔那类型**（Smyrna）　因历史上栽培于小亚细亚斯密尔那地区而得名，此类型无花果树只有雌花，没有雄花和虫瘿花，栽植时需配植原生类型无花果树作为授粉树，经过无花果传粉蜂授粉后才能长成果实。通常没有第一批果，第二批果只有受精后才能成熟，此类型树可在夏季和秋季结果。

4. **中间型**（SanPedro）　该类型无花果树的结果习性介于斯密尔那类型和普通类型中间。第一批花序无需经过授粉即能长成可食用果实（春果），第二、三批花序需经授粉，才能发育成可食用果实（夏果、秋果）。

此外，还可根据其他的特性将无花果分为不同的类型，如：

①按落叶习性分类可分为常绿果树和落叶果树；②根据果皮颜色分类可分为绿色品种、红色品种和黄色品种；③按分布区域分类可分为温带果树、亚热带果树、热带果树；④按果肉颜色分类可分为黄肉和红肉；⑤按主干明显程度分类可分为小

乔木和灌木；⑥按叶形状分类可分为掌裂叶果树和圆形叶果树；⑦根据果实成熟时期分类可将普通类型无花果分为夏果专用种、夏秋果兼用种和秋果专用种。

二、栽培品种

无花果种质资源非常丰富，全世界栽培品种超过 700 个，我国常用的栽培品种仅有十余个，北京地区种植的优良无花果品种相当缺乏，而适宜北京地区日光温室栽培的既能鲜食又能观赏的优良无花果品种更是少之又少。在这种背景下，引进具有抗病虫特性的适宜日光温室栽培的优良品种，是解决北京无花果良种缺乏问题最有效的手段。针对北京无花果产业存在的良种少的制约性问题，北京农学院有针对性地开展了无花果品种资源调查和无花果引种工作，以期为北京地区无花果产业发展提供品种支撑，促进农村经济的发展和农民的增收，无花果品种马斯义·陶芬、青皮就是在此背景下引进的。近年来，引进的优良品种为北京地区无花果产业的发展奠定了基础。

1. **马斯义·陶芬**　无花果品种马斯义·陶芬是国外引进品种，原产于美国。山东威海市农业科学院于 1999 年春从美国引入该品种，经过多年试验在山东引种成功。2007 年，北京农学院在详细调查了该品种的植物学特性、果实经济性状和生物学特性的基础上，决定在北京地区开展引种试验，主要以鲜食和观赏为主。该品种属于无性繁殖，为普通型、红色鲜食大果型无花果品种，既具有鲜食价值又具有观赏价值。该品种果树树势中庸，树姿开张，有多次结果习性，最适生长温度为25～35℃，最适土壤 pH 为 7.0～7.9，耐高温但不耐低温，抗旱但不耐涝。在山东威海地区可形成夏、秋果，以秋果为主。多数自第八叶节位开始，每节 1 果。果实长卵圆形，秋果平均单果重 96.4g；果皮紫红色，果棱明显；果肉红色，肉质稍粗，不耐贮存；平均可溶性固形物含量 16.4%，最高达 20.5%；早果、丰产、稳产、抗病性强，但耐寒性较差。

该品种在北京地区设施栽培时，从 4 月上旬开始萌芽，5月上中旬开始坐果，7 月下旬开始至 11 月下旬陆续成熟。多数结果位从第八叶节位开始，少数从第一叶节位开始。果实长卵圆形；果皮紫红色，果棱明显；果孔较大，易开裂；果点大，果实成熟期遇雨易裂；果肉红色，肉质稍粗，不耐贮存；早果、丰产、稳产、抗病性强。

2. **青皮** 无花果青皮是国外引进品种，原产于英国。据《英租时期威海卫行政公署年度报告》记载，1904—1905 年英国驻威海卫的行政官员洛克哈特（James Lockhart）从英国引入该品种，1906 年在威海引种成功。2007 年，北京农学院在做好调研的基础上，决定在北京地区开展引种试验，主要以鲜食和观赏为主。该品种属于无性繁殖，为普通型、青黄色鲜食中等果型无花果品种。该品种果树树势中庸，树姿开张，有多次结果习性。最适生长温度为 25～35℃，最适土壤pH 为 7.0～7.9，耐高温但不耐低温，抗旱但不耐涝。在山东威海地区可形成夏、秋果，以秋果为主。多数自第六叶节位开始，每节 1 果。果实呈圆形，秋果平均单果重 45.6g；果皮青黄色，果棱明显；果肉紫红色，肉质软糯；果实柔软，不耐贮存；平均可溶性固形物含量 18.2%，最高达 22.1%；具有丰产、稳产、抗病性强的优点，但耐寒性较差。

北京地区设施栽培时，4月中旬开始萌芽，6月上旬开始坐果，以秋果为主，8月下旬果实开始成熟，持续至11月末有果。多数自第五叶节位开始，每节1果。树势旺盛，树冠呈圆长形，主干明显，树姿开张且角度较大。叶片色深呈亮绿色，大而粗糙；叶背部有茸毛，呈掌状开裂，浅裂（不足叶片总长的1/2）3～5裂，叶缘呈锯齿状或圆钝状。果实圆形，熟前绿色。

3. 其他栽培品种　在不同的环境和人们不同的需求、审美的影响下，科研人员在世界范围内筛选、育种，得到了不同的无花果栽培品种。除去之前介绍的2个特色突出的品种外，笔者团队也对其他无花果品种进行了北京地区设施栽培的引种试验，并分别测量了一些商业特性进行对比。

(1) 金傲芬（A212）　鲜食加工兼用的黄色品种。树势强健，树姿开张。始结果位为第五叶节位，每节1果。果实卵圆形，平均单果重72.6g；果皮浅黄、光滑，果棱明显；果目小，微裂；果肉黄色，致密，细腻甘甜；平均可溶性固形物含量17.1%。丰产、稳产、抗病，抗寒性较青皮稍差。

(2) 波姬红　鲜食大型红色品种。树势中庸、健壮，树姿开张。始结果位为第三叶节位，每节1果。果实长卵圆形，平均单果重70.6g；果皮紫红色，有蜡质光泽，果棱明显；果目小，微裂；果实中空；果肉红色；平均可溶性固形物含量17.2%。品质佳、丰产、抗病，耐寒性、耐盐碱性较强。

(3) B110　鲜食加工兼用的绿色品种。树势中庸，树姿开张，萌芽力强，易发生2次副梢。有多次结果习性，夏秋果兼用，威海地区以秋果为主。始结果位为第一叶节位，依次向上，每节1果。果实卵圆形，平均单果重51.3g；果皮绿色，薄而亮，光滑无棱；果目小，不开裂；果肉浅黄至淡红色，肉质细腻；可溶性固形物含量 15.5%～18.3%。B110 果实不裂口不易被昆虫侵染，外观与内在品质俱佳，成熟期集中，丰产性高，具有较大的发展潜力。

（4）中农寒优（A1213）　树势健旺，分枝力强。新梢年生长量达 2.6m，枝粗 2.7cm，节间长 6.0cm。叶片掌状 3～5 深裂，裂长 17cm，叶径 27cm，叶形指数 0.98，叶柄长 14cm。果实长卵形，果颈明显，果目微闭，果柄长 1.0～2.1cm，果形指数 1.2；果皮薄，表面细嫩，呈黄绿色或黄色，有光泽，外形美观；果肉鲜艳桃红色，汁多，味甜；平均可溶性固形物含量 17%以上，平均单果重 50～70g，秋果型，较耐储运，品质极佳。为鲜食无花果商品生产的优良品种。

（5）A42　观赏用品种。树势中庸，树姿较开张，叶片中大，卵圆形，掌状半裂，基出叶脉 5 条。体积较小，果实呈卵圆形，果顶平坦，果目绿色，果径 2.8～3.6cm，果皮有黄绿相间的条纹，外形非常美观，常用作观赏果；果肉鲜红色，果实极耐储运。该品种枝、果实均有黄绿条纹，极具特色，且果树适应性强，较耐寒，易繁殖，为园林绿化及盆景制作的良选树种。

三、无花果的价值

（一）营养及药用价值

无花果可以鲜食，也可制干、做果酱、加工成罐头等。近年来，有关无花果对人类健康的影响有了许多研究成果。无花果富含多糖，研究表明无花果多糖能够对免疫系统启动和调控T细胞响应的关键因子树突细胞起激活并促进分化的作用，从而提高人体免疫力；无花果果实含钾丰富，对降低高血压有帮助；无花果果实含钙丰富，能防止骨质疏松；无花果还富含多酚、类黄酮、花青素等抗氧化物质，能延缓衰老，其酚类物质含量比红酒和茶叶还要高。

碳水化合物是自然界中存在最多、分布最广的一类有机化合物，由碳、氢和氧3种元素组成，包括糖类、淀粉、纤维素和果胶等物质。碳水化合物是果实的主要物质，邹黎明研究发现，广东韶关地区无花果每100g果实中还原性糖含量为4.1g、总糖含量为11.2g、淀粉含量为1.0g、果胶含量为1.8g、粗纤维含量为0.7g。无花果富含多糖类物质，对提高动物免疫能力有一定作用，陈霞等研究发现，喂食了无花果多糖的鲫鱼，其非特异性免疫功能明显增强。

在研究中，笔者团队通过液相色谱法对3种无花果的可溶性糖进行了测定与分析。布兰瑞克无花果果实中蔗糖、葡萄糖、果糖出峰时间分别为9.7min、11.9min、15.0min，峰面积分别为1.83e4 nRIU*s、1.84e5 nRIU*s、1.96e5 nRIU*s，将含量和峰面积的比值与标准曲线相结合算出3种糖的含量分别为5.8mg/g、40.1mg/g、49.1mg/g。可知，布兰瑞克成熟果实中蔗糖含量很低，葡萄糖、果糖含量较高，含量最高的为果糖。金傲芬无花果果实中蔗糖、葡萄糖、果糖出峰时间分别为9.7min、11.9min、15.0min，峰面积分别为3.27e4 nRIU*s、2.28e5 nRIU*s、2.08e5 nRIU*s，将含量和峰面积的比值与标准曲线相结合算出3种糖的含量分别为9.1mg/g、50.2mg/g、

51.9mg/g。可知，金傲芬成熟果实中蔗糖含量很低，葡萄糖、果糖含量较高，含量最高的为果糖。马斯义·陶芬无花果果实中蔗糖、葡萄糖、果糖出峰时间分别为 9.7min、11.9min、15.0min，峰面积分别为 1.85e4 nRIU∗s、1.86e5 nRIU∗s、1.71e5 nRIU∗s，将含量和峰面积的比值与标准曲线相结合算出 3 种糖的含量分别为 5.8mg/g，40.1mg/g，49.1mg/g。可知，马斯义·陶芬成熟果实中蔗糖含量很低，葡萄糖、果糖含量较高，含量最高的为果糖。这 3 种无花果的可溶性糖测定试验中，结果均显示果糖的含量最高，其次是葡萄糖，最低的是蔗糖，并与其他两种可溶性糖含量有显著差异，几乎不积累。

矿质营养是植物正常生长发育所必需的，主要包括大量元素氮（N）、磷（P）、钾（K），中量元素钙（Ca）、镁（Mg）、硫（S）和微量元素铁（Fe）、锰（Mn）、铜（Cu）、锌（Zn）、硼（B）、钼（Mo）、氯（Cl）等。有的矿质元素在植物体内直接参与一些重要化合物的组成，有的参加酶促反应或能量代谢，有的则起缓冲作用或调节植物代谢等。当营养失调时，植物细胞的正常结构与代谢就会受到干扰或被破坏，出现相应的病症。

植物矿质元素与人类健康有重要的联系，人类所需的大量元素及微量元素均可来自植物矿质元素，是人体的重要组成成分，对调节人体生理功能、维持人体酸碱平衡、保证人体健康具有重要作用。一般认为，微量元素是指人体每日需要量不足100mg，占人体体重 1/10 000 以下的元素，目前已确定的维持人体健康所必需的微量元素包括铁（Fe）、锌（Zn）、硒（Se）、铜（Cu）、碘（I）、铬（Cr）等。

在测定无花果果实矿质元素含量时，采用了电感耦合等离

子体发射光谱法。大、中量元素中，无花果磷（P）元素含量为
185mg/kg，钾（K）元素含量为 188mg/kg，钙（Ca）元素含量
为 328mg/kg，镁（Mg）元素含量为 124mg/kg，含量由高到低
依次排序为 Ca＞K＞P＞Mg。微量元素中，无花果铁（Fe）元
素含量为 3.58mg/kg，锰（Mn）元素含量为 0.46mg/kg，铜
（Cu）元素含量为 0.57mg/kg，锌（Zn）元素含量为 1.66mg/kg，
含量由高到低依次排序为 Fe＞Zn＞Cu＞Mn。

　　硒（Se）是环境中重要的微量元素，也是人体健康和动物
生长所需的元素之一。硒是人类和动物谷胱甘肽过氧化物酶的
组成成分，能参与人体内多种酶和蛋白质的合成。硒能催化过
氧化物分解，阻断脂质过氧化连锁反应和清除体内自由基，能
起到保护生物膜结构和功能完整性的作用。科学界研究发现，
血硒水平的高低与癌的发生息息相关。大量的调查资料说明，
一个地区食物和土壤中硒含量的高低与癌症的发病率有直接关
系，例如：此地区的食物和土壤中的硒含量高，癌症的发病率
和死亡率就低，反之，这个地区的癌症发病率和死亡率就高。
事实说明硒与癌症的发生有着密切关系，同时科学界也认识到
硒具有预防癌症的作用。通过测定 3 个品种无花果硒（Se）元
素含量，可知金傲芬果实硒含量为 4.06×10^{-3} mg/kg，马斯
义·陶芬果实硒含量为 4.36×10^{-3} mg/kg，布兰瑞克果实硒含
量为 4.24×10^{-3} mg/kg，硒元素含量由高到低依次排序为马斯
义·陶芬＞布兰瑞克＞金傲芬。

　　无花果果实可药食两用。据《本草纲目》和《神农本草
经》记载，无花果果实味甘平，无毒，具有健胃、润肠、消
食、解毒等功效，还可治疗肠痢、便秘、痔疮、喉痛。现代医
学研究发现，无花果富含营养和药用成分，在药用和保健中均

具有较高的利用价值。无花果富含硒，经证实硒具有增加机体细胞免疫和体液免疫、延缓衰老、抗肿瘤、保护肝细胞不受毒害等功效。无花果提取液中的黄酮和多糖物质具有提高免疫力和抗衰老作用。无花果叶挥发油中富含的呋喃香豆素内酯、补骨酯素、佛手柑内酯等具有抗癌、抗肿瘤作用。

随着现代分离、提纯技术的成熟和精密仪器的使用，无花果新的药用价值不断被发现，对治疗白癜风和带状疱疹、预防骨质疏松、抑菌抗病毒等均有一定效果；还发现无花果具有降血糖、降血脂及镇静催眠的作用。

（二）生态价值

桑科榕属（Moraceae，*Ficus*）植物是热带及亚热带地区具有极其重要的生态学意义的关键类群，无论在上层树种还是林下树种中都占据了重要位置。无花果品种繁多，在对环境的适应能力方面差异显著，但总体来讲适应性强，在热带、亚热带及温带地区均有分布。无花果的果实具有很高的营养价值，常年作为蚂蚁、鸟类、小型哺乳动物的食物，在热带、亚热带森林生态系统中起到了重要作用。无花果的枝干、叶片、未成熟的果实中均含有大量乳汁，其中含有蛋白酶、多酚、萜类等物质，能有效地降低病虫害发生的概率，在与其他植物间作时可以减少间作植物的病虫害发生情况，与无花果的间作也是一种优质的防治生物性病虫害的措施。

榕属植物与其传粉小蜂〔Hymenoptera（膜翅目），Aga-onidae（无花果小蜂科）〕的互惠共生关系广为人知，这种互惠共生关系具高度的专一性，二者在形态结构、生理功能和生活史等方面相互依赖、互惠互利，是动植物间历史悠久、关系密切的协同进化模式系统。全世界的榕属植物约有 750 种，每一种都有其特有的榕小蜂进行传粉，极少有例外。榕属植物与其传粉者的共生体系是目前植物与昆虫协同进化研究中的典型模式之一。雌雄同株的无花果每年结果 3 次，与其对应的无花果榕小蜂也有 3 个生活周期并与该果树的开花期吻合，两性植株的雌花花柱较短，榕小蜂可以在子房上产卵，利用其中的营养物质孵化出成虫之后，雌雄个体交尾，雄蜂无翅，在此时结束其生命周期，而受精成功的雌虫从果孔中飞出，便可携带大量果实上部的雄花花粉。雌蜂具翅，可以飞翔，在寻找合适的产卵环境时，雌蜂多进入只具有雌花的单性植株，单性植物的雌花花柱较长，雌蜂无法产卵，但雌蜂携带的雄花花粉可以给单性植株的雌花进行授粉，在雌蜂继续寻找产卵环境时，当飞入两性植株，就会在雌花的子房上产卵完成生命周期。

国内外已经开展了大量的相关研究，从不同方面探讨了这种特殊的一一对应的共生关系，而对于这种特殊的共生关系也存在巨大的生态价值，这将在植物与昆虫共同进化的研究中起到重要引导作用。

（三）经济价值

无花果作为一种古老的经济作物，在中东地区已有 11 000 年的栽培历史，在早期主要以兜售无花果果实为果农带来经济效益。目前，世界无花果主产国为土耳其、美国、葡萄牙、西班牙、埃及、伊朗等国家。北京农学院在北京及周边地区的引种试验中，发现无花果在设施栽培的条件下，可实现当年种植当年结果，平均每 667m² 种植 250 株，每株平均产量达 6kg，平均售价每千克 40 元，经济效益每 667m² 达 6 万元。除鲜食无花果之外，最为普遍的产品即无花果干，无花果干在西亚、阿拉伯地区以及我国的新疆无花果产区都有大量生产和销售。在此基础上，也可将无花果果实加工成冻干果实、罐头和果酱。

无花果除了果实具有较高的经济价值之外，无花果苗木每年在短截之后进行扦插繁殖，次年的苗木即可销售。另外，无花果叶制茶、入药，无花果苗木制盆景，无花果果实酿酒、制作发酵乳制品等加工产品均有巨大的发展潜力和潜在的经济价值。

（四）文化价值

《圣经》中记载了亚当和夏娃用无花果树的叶子缝成裙子遮盖身体，在东南亚地区有将无花果作为祭祀用品的传统，在我国，无花果又名天生子、映日果，因其具有广泛的文化价值，《中国园艺文摘》中收录了笔者为无花果所作的诗词：

> 远古果实，圣经圣果，丝绸之路，华夏仙果；
> 隐头花序，姹紫嫣红，一叶一果，下上追熟；
> 喜光高抗，无需用药，丰产优质，天天采摘；
> 扦插育苗，当年结果，不耐储运，周年供应；
> 药食两用，健康营养，新兴果业，一带一路；
> 桃李不言，下自成蹊，无花果累，低调做人。

第二章
北京地区无花果种植及发展

北京作为中国的首都，跻身于十大国际都市，在各种发展中有着得天独厚的优势。高度发达的城市经济，使生活在这个城市中的居民更加青睐于返璞归真的农业活动体验，原始淳朴的第一产业在这个别具特色的城市以另一种形态重新焕发了活力：2018 年，北京市具农业观光园 1 172 个，总收入达到了 27.3 亿元；民俗旅游实际经营户达到了 7 783 户，实现总收入 13 亿元；设施农业和种业分别实现收入 51.7 亿元和 12.4 亿元。此时，无花果作为一个还未量产又能满足人们猎奇心理的神奇水果，也在这个时代展现了它的广阔而独特的发展空间。

一、无花果果实种植情况

无花果在许多国家均有种植，其中葡萄牙、土耳其、阿尔及利亚、摩洛哥、埃及、伊朗、突尼斯、西班牙、阿尔巴尼亚和叙利亚等是无花果的主产国家。种植面积居前列的国家是葡萄牙和土耳其，分别约为 8 万 hm² 和 6 万 hm²，全球无花果产量的 60% 来自土耳其和北非地中海国家（埃及、阿尔及利亚和摩洛哥）。其他主要生产国包括伊朗、西班牙、意大利和美国。我国无花果栽培品种的引进在历史上有 2 条路线，其一是沿丝绸之路引进栽培的新疆早黄、新疆晚黄等品种，其二是19 世纪末随沿海口岸开放引进栽培的青皮、布兰瑞克及紫果等品种。20 世纪 80 年代，我国开始分批引进无花果栽培品种，大部分无花果品种由山东省林业科学研究院、镇江市农业科学研究所及南京农业大学等单位分别从美国、日本等国引进。1998 年山东省林业科学研究院经济林研究所借助国家林业局项目从美国和日本引入无花果品种 65 个，2014 年在国家重大支撑项目的资助下，从美国农业部无性系种质圃将 1998 年未引进的 74 个无花果品种资源全部引入国内，又从意大利等引入 2 个品种，初步建立起我国无花果种质资源库和种质资源圃。截至目前共选育了十余个适宜我国栽培的优良品种，并在各地区推广种植。

目前我国的无花果产地主要分布在山东、新疆、江苏、上海、浙江、福建、广东、陕西、四川、广西等地。华北地区的无花果种植区主要集中在山东沿海的青岛市、烟台市、威海市；江苏省种植区主要分布在南通市、盐城市、镇江市、南京市；福建省种植区主要分布在福州市；上海市郊区也有一定种植面积。新疆主要分布在阿图什市、库车市、喀什市、和田市等地。山东无花果种植面积最大，约 0.23 万 hm^2，其中威海市有 2 000hm^2，青岛市、烟台市、济宁市较多。新疆无花果种植面积全国第二，为 0.10 万～0.13 万 hm^2，其中阿图什市 667hm^2 左右，喀什地区和和地步区各 200～267hm^2。2016 年，全国无花果种植面积已达 5 000hm^2，产量达到 4.18 万 t。

二、北京地区无花果引种过程

　　无花果植株整体利用价值很高，既具有鲜食营养价值，又具有药用保健价值，是适宜采摘的优良的经济林果树。无花果生态适应性强，易栽培管理和繁殖，耐旱、耐瘠薄，尤其耐盐，病虫害少，并且投产早、繁殖快、产量高、收益大，深受广大消费者和生产者喜爱。无花果的果实、枝、叶都具有很高的营养价值，含有多种氨基酸和有益于人体健康的微量元素、维生素和多糖类物质，是一种高营养的食疗保健型水果，还富含增强人体免疫力的物质，具有抑瘤抗癌功效。因此，无花果是生产"三品一标"首选优良树种。随着国民对农产品"三品一标"需求的不断提高，无花果成为果树种植业调整和发展现代休闲农业的候选树种之一。笔者团队经过初选、复选和决选3个步骤为北京地区无花果的种植推广选取了最适合的栽培品种，并获得林木良种证书。

（一）初选

　　2007年，北京农学院在对比分析北京地区和山东省无花果主产区威海等地的气候和土壤等环境条件的基础上，详细调查了马斯义·陶芬和青皮的植物学特性、果实经济性状和生物学特性等，决定在北京地区露地日光大棚试种，促进北京休闲果树观光采摘的发展。

（二）复选

2007 年，北京地区引种试验在北京顺义北石槽镇北石槽村燕赵采摘园、延庆康庄镇马坊村股份经济合作社、昌平小汤山农业科技园日光温室建立复选圃，其中马斯义·陶芬试验面积分别为顺义 1hm²、延庆 0.3hm²、昌平 0.2hm²，青皮试验面积分别为顺义 0.5hm²、延庆 0.25hm²、昌平 0.2hm²，以布兰瑞克品种为对照，马斯义·陶芬株行距为 1m×2m，青皮株行距为 1.5m×2m，正常管理。马斯义·陶芬和青皮在北京露地日光大棚的植物学和生物学性状稳定，树势中庸，树姿开张，有多次结果习性。马斯义·陶芬在露地日光大棚栽培时，于 7 月下旬成熟，一直持续到 11 月下旬，多数结果位从第八叶节位开始，很少从第一叶节位开始，每叶节 1 果。果实长卵圆形，平均单果重 150.4g；果皮紫红色，果棱明显；果肉红色，不耐贮存；平均可溶性固形物含量 16.8%，最高达 22.7%。青皮在露地日光大棚中，于 8 月下旬成熟，一直持续到 11 月下旬。多数结果位从第三至五叶节位开始，每节 1 果。果实呈圆形，平均单果重 54.3g；果皮青黄色，果棱明显；果肉深红色，不耐贮存；平均可溶性固形物含量 19.3%，最高达 23.9%。马斯义·陶芬和青皮抗病性强，但耐寒性较差，冬季越冬需要平茬埋土，在北京地区加温温室可实现周年生产。通过 4 年的观察和评价，马斯义·陶芬和青皮的植物学和生物学特性稳定，果实经济性状优良，具有早产、丰产、稳产特性，适合在北京地区露地日光大棚栽培。

（三）决选

自 2011 年开始分别在北京顺义北石槽镇北石槽村燕赵采摘园、延庆康庄镇马坊村股份经济合作社、昌平小汤山农业科技园开展品种区域比较试验和生产试栽，检验引进品种适应性和在不同无花果栽培区域的主要经济性状表现。1 年生优质大苗建园，20～30cm 定干，每株留枝 3～4 个，株行距为 1m×2m，试验园每亩施 5t 有机肥，土壤 pH 为 6.0～7.1，有排灌条件，正常管理水平，区域试验分别为顺义 4hm^2、延庆 0.5hm^2、昌平 0.3hm^2，以布兰瑞克品种为对照。

通过无花果建园推广及种植，实现当年种植当年结果，平均每 667m^2 产量为 1 500kg，总收入超过 6 万元。累计为基地投送苗木 6 000 株，建设示范基地 1.31hm^2，其中北京郊区 0.78hm^2，石家庄郊区 0.53hm^2。苗木分为 2 种，1 年生大苗和当年生小苗，根据基地要求进行派送。示范基地包括，延庆：半地下温室 0.26hm^2；顺义：加温温室 0.13hm^2；昌平：加温温室 0.20hm^2；密云：现代化温室 0.13hm^2；房山：加温温室 0.06hm^2；石家庄：半地下温室 0.53hm^2，并指导定植。选择昌平北照台村 5 户村民进行定点扶贫，每户派送苗木 50 株，并针对山区无花果栽培条件的局限性，试验了无花果山区栽培模式——坑道栽培模式。通过早春及秋末薄膜保护，延长了栽培时间，并通过平茬及坑道冬季覆草提高了无花果越冬能力。

多年多点区域试验表明：马斯义·陶芬无花果具有早熟、丰产性强、产量高的明显性状特点，具有多次结果习性。在北京地区露地日光大棚栽培时，4 月上旬开始萌芽，5 月上中旬开始坐果，7月下旬开始成熟至11月下旬。多数结果位从第八叶节位开始，少数从第一叶节位开始。果实长卵圆形，果实平均纵径8.12cm，横径5.97cm，果实平均单果重150.4g；果皮紫红色，果棱明显；果孔较大，易开裂；果点大，果实成熟期遇雨易裂；果肉红色，肉质稍粗，不耐贮存；平均可溶性固形物含量16.8%，最高达22.7%。早果、丰产、稳产、抗病性强，耐寒性较差，在北京露地日光大棚栽培无法自然越冬。青皮无花果具有抗病性强、丰产性强、产量高的明显性状特点，该品种果实呈圆形，果实平均纵径6.23cm，横径5.67cm，平均单果重54.3g，平均可溶性固形物含量19.3%，表现出生长快、果实品质高、经济效益高、抗逆性强等优点，栽后第三年平均每667m²产量为667.7kg，对照品种布兰瑞克3年生树平均每667m²产量为1 089.2kg。2017年，在北京顺义、延庆和昌平等地区推广种植无花果果树约66hm²，已经成为北京地区较具发展潜力的树种，为北京发展都市型观光旅游采摘提供优良资源。

但是无论在北京还是在全国范围内，无花果的生产基地和种植面积都远远小于传统果品。随着市场需求的增加，在北京地区有鲜食无花果在市场出现，既有种植户小规模销售，也有大型连锁水果商店售卖包装精美的无花果。因此，我们可以看到鲜食无花果在北京地区无论是市场出售还是观光采摘都具有广阔的前景。

三、北京地区无花果引种试验

北京位于东经115.7°—117.4°，北纬39.4°—41.6°，总面积16 410.54km²。北京位于华北平原北部，毗邻渤海湾，三面环山，是典型的北温带半湿润大陆性季风气候，夏季高温多雨，冬季寒冷干燥，春、秋两季短促且温差大。北京地区的全年最低温度可达－20℃，而无花果在－18～－16℃以下容易受冻害并整株死亡，因此在引种试验中，笔者团队选择了可控温的温室进行设施栽培以保障果树的生长和产量。

自 2011 年决选开始，分别在北京顺义北石槽镇北石槽村燕赵采摘园、延庆康庄镇马坊村股份经济合作社、昌平小汤山农业科技园开展品种区域比较试验和生产试栽，检验引进品种（马斯义·陶芬、青皮）的适应性和在不同无花果栽培区域的主要经济性状表现。连续 4 年（2011—2014 年）于区域试点记录供试品种萌芽期、展叶期、坐果期等；测定结果数、单果重、单株产量等主要农艺性状；评价果实矿质营养成分和功能性成分的含量等。取 4 年测定结果平均数用 SPSS 20.0 进行数据分析，试验结果见表 2-1、表 2-2、表 2-3、表 2-4。

马斯义·陶芬无花果在北京地区日光大棚栽培时，4 月中旬开始萌芽，6 月上旬开始坐果，以秋果为主，8 月下旬果实开始成熟持续至 11 月末有果。多数自第八叶节位开始，每节 1 果。果实呈长卵圆状，果实外表深红色，内部呈暗红色。平均单果重 150.4g；肉质稍粗，含水量为 83%，平均可溶性固形物含量 16.8%、蛋白质含量 2.6%、维生素 C 含量 67.8mg/kg；平均矿质元素含量分别为钙（Ca）370.4μg/g、铁（Fe）7.34μg/g、镁（Mg）138.7μg/g、锌（Zn）5.53μg/g；平均硒（Se）元素含量为 4.8μg/kg。适宜鲜食采摘，不耐贮藏，商品性优，生长势强，结果期较早，结果后生长势中庸，株产 7.9kg，每 667m² 产量为 2 605.7kg。无花果病害主要有叶斑病、锈病和炭疽病，在北京顺义地区对 1 000 株马斯义·陶芬

表 2-1 良种无花果物候期（北京）

品种	萌芽期	展叶期	坐果期	果实始熟期	落叶期
马斯义·陶芬	4月2日	4月8日	5月11日	7月30日	11月22日
青皮	4月12日	4月17日	6月10日	8月21日	11月25日
布兰瑞克	3月30日	4月5日	5月29日	8月10日	11月27日

表 2-2 良种无花果主要农艺学性状

品种	单果重/g	平均结果数/个	单株产量/kg	667m²产量/kg
马斯义·陶芬	150.4±4.982	15±1.783	7.9±0.608	2 605.7±106.256
青皮	54.3±4.982	15±1.783	2.9±0.208	667.7±46.256
布兰瑞克	30.6±3.356	31±2.856	3.3±0.214	1 089.2±59.541

表 2-3 良种无花果矿物质元素含量（μg/g）

品种	B	Ca	Fe	K	Mg	Mn	Na	P	Zn
马斯义·陶芬	3.72±0.347	370.4±38.265	7.34±0.684	1634±110.745	138.7±8.192	0.78±0.083	126.7±6.430	154.5±9.895	5.53±0.417
青皮	1.43±0.123	530.2±49.030	20.9±1.982	1 893±201.356	227.5±15.320	0.74±0.021	474.7±48.987	231.2±22.341	9.32±0.620
布兰瑞克	4.21±0.371	532.7±44.380	6.81±0.704	535±48.320	143.1±7.436	0.55±0.062	166.1±10.321	124.3±4.936	6.82±0.568

表 2-4 良种无花果经济性状

品种	含水量（%）	可溶性糖（mg/g）	脂类（%）	花色苷（μg/g）	维生素C（mg/kg）	蛋白质（%）	硒元素（μg/kg）
马斯义·陶芬	82.92±1.832	89.3±6.980	0.92±0.045	103.4±13.436	67.8±4.534	2.6±0.237	4.8±0.337
青皮	83.41±7.431	126.3±9.560	0.58±0.009	0.72±0.034	60.3±4.718	3.1±0.256	4.60±0.286
布兰瑞克	83.16±5.436	95.0±9.673	0.71±0.089	1.2±0.156	56.4±3.682	1.8±0.180	4.3±0.222

果树进行病害监测，区域试验期间未发现有以上病害产生。无花果的主要虫害有桑天牛、金龟子和果蝇，在北京顺义地区对1 000株马斯义·陶芬果树进行虫害监测，除夏季高温天气有少量果蝇，区域试验期间未发现有其他虫害发生。

青皮无花果在北京地区日光大棚栽培时，4月中旬开始萌芽，6月上旬开始坐果，以秋果为主，8月下旬果实开始成熟持续至11月末有果。多数自第五叶节位开始，每节1果。果实呈圆形，果棱明显；果皮熟前绿色，熟后黄绿色；果肉淡紫色至紫红色；果目小，果面平滑不开裂，果棱明显，果皮韧度较大，果汁较多，含糖量高。平均单果重54.3g；肉质柔软，风味香甜，含水量为83.41%；平均可溶性固形物含量19.3%、蛋白质含量3.1%、维生素C含量60.3mg/kg；平均矿质元素含量分别为钙（Ca）530.2μg/g、铁（Fe）20.9μg/g、镁（Mg）227.5μg/g、锌（Zn）9.32μg/g；平均硒（Se）元素含量为4.6μg/kg。适宜鲜食采摘，不耐贮藏和运输，亦可以加工成果干食用，商品性良好，口感和风味极佳。青皮无花果含水量低于对照品种，耐储性优于对照品种，这几个性状符合现阶段生产与市场的需求。在北京顺义地区对1 000株青皮无花果果树进行病害监测，区域试验期间未发现有病害产生。同时在北京顺义地区对1 000株青皮无花果果树进行虫害监测，区域试验期间未发现有虫害发生。

四、良种栽培技术要点

1. **苗木繁育**　在无花果扦插繁殖技术中，宜选择直径为

0.7~1.0cm 的 1~2 年生，且生长健壮无病虫害的枝条扦插，利用 ABT1 号生根粉 200mg/L 作为外源激素进行处理，基质以腐殖质土与园土以 2∶1 的比例混合。采用这种方法培育无花果苗，可以在短期内培育出壮苗，且各项指标均比常规育苗好，并于当年结果，可以在生产上推广应用。

2. **繁殖和栽植**　无花果枝条极易生根，也易发生根蘗，繁殖苗木时扦插、压条和分株等方法都可应用。生产上大量繁殖苗木都用扦插法，成活率极高。北京地区应用硬枝扦插，在 1 月上旬用 20~23℃地温苗床催根，10~12d 后移至营养钵内，于温室内进行。插条枝粗在 1~1.5cm，每个插穗带 2~3 个芽。栽植前先挖定植穴，按照每株 2m 的株距，定植穴的大小按照直径 40cm，深 30cm 挖掘。定植穴挖好后在穴内填入麦秆等粗杂有机物进行腐熟后堆肥，其余的肥料（饼肥、磷肥）和表层土壤充分搅拌后填入中层内，以根系不接触肥料为原则，然后再覆盖土壤填平并用脚踩实。扦插地忌连作，以免传播线虫。

3. **整形修剪**　树冠内枝条不密集，适于培养有中心干的无层型或多主枝自然开心形的树型，也可直接从地面分枝形成丛生灌木状的树冠。整形时，在苗木 40~50cm 处定干，促进腋芽萌发抽枝。选择方位角和生长势比较理想的 3~4 个分枝，分别向四方延伸，中心干有或无均可。各主枝间保持一定的间距，主枝每年剪留 40~60cm，其上再接适当间隔配置的 2~3 个副主枝，扩大结果面。北京地区露地日光大棚栽培采用有中心干的无层型修剪方式，树型完成后，每年只疏除无用徒长枝、密生枝、下垂枝和干枯枝，尽量多保留壮枝结果。

露地日光大棚栽培可直接从地面分枝形成丛生灌木状的树

冠，苗木定植后，当新梢生长到 10～15cm 时摘心，促发 3～4 个分枝作为丛生主枝培养，分枝长到 50～60cm 摘心，依次培养侧枝和结果枝组。11 月落叶后，结果枝基部留 2～3 芽强修剪，作为翌年的结果母枝，以后如此重复修剪，重复结果。

无花果枝条与其他果树枝条相比组织疏松，剪口愈合缓慢，冬剪后通常剪口下一段枝条干枯，影响剪口芽的生长。故凡大的剪锯口应涂抹接蜡或其他保护剂，小枝则可适当提高短截部位。

4. **水肥管理** 施肥：无花果施肥分基肥和追肥两种方式。基肥一般于 10 月中下旬至 11 月中旬施入，也可在 2 月下旬至 3 月上旬进行，肥料种类以腐熟的有机肥为主，马斯义·陶芬施用标准为每生产 1kg 无花果施 2kg 肥，由于青皮对于肥料的需求量较少，施用标准为每生产 1kg 无花果施 1kg 肥。追肥（土施或叶面喷施）分前期追肥（夏肥）和后期追肥（秋肥）。5 月下旬至 7 月上旬为需肥高峰期，此期追肥 1～2 次，肥料种类以氮磷钾复合肥为主（有机生产园应追施有机肥）；8 月上旬至 10 月中下旬为果实成熟采收期，幼树可在 8 月中旬追施 1 次，成龄树应分别在 8 月中旬和 9 月中旬各追施 1 次，肥料种类以磷、钾肥为主，配合施用微量元素肥料。土壤追肥应结合浇水进行，开沟追肥，覆土浇水，不提倡地表撒施。

灌水：必须根据墒情及时补充水分。无花果主要的需水期是发芽期、新梢速长期和果实生长发育期。灌水方法除传统的沟灌、穴灌外，有条件的可进行滴灌和喷灌。无花果一次灌水不宜过多，尤其是果实成熟采收期，要避免土壤干湿度变化过大，应始终保持稳定适宜的土壤湿度，以免导致裂果增多。此外，无花果抗旱力强，耐涝性弱，雨季要特别注意及时排水，雨后及时松土。

5. **越冬防护** 在北京地区露地日光大棚栽培时，采用适当的加温措施可延长果实成熟期至 11 月中下旬，北京顺义栽培示范区实验结果显示，在 2012 年 11 月极端低温的情况下，11 月 20 日自然升温的温室，还有成熟果实。无花果喜温暖稍干燥的气候，抗寒力低，尤其是 5 年生以下的幼树，冬季遇 -18～-16℃ 的低温时，有全株冻死的危险。

北京地区越冬时，宜在无花果树干基部培土防冻，高约 30～40cm，春季解冻后再将培土除去，大的枝干可包草、包防护布保护越冬。树龄增大后，越冬能力逐渐增强。需注意，一旦植株受冻，应及时剪除受冻枝条，发芽后选择新枝代替。有时即使地上部全部被冻死，次春往往仍能从培土的根颈部位萌发出强大枝条，形成新树冠。

6. **主要病虫害及其防治** 无花果的病虫害较少。常见造成较大危害的有桑天牛、根结线虫和果实炭疽病等。对桑天牛的防治可参照苹果树防治方法，用人工捕杀、放养肿腿蜂等方法进行防治；防治根结线虫目前主要是避免老园连作和对苗木进行检疫消毒，有条件时也可对土壤进行消毒处理；对果实炭疽病的防治应在夏秋季果实发病前，即 6 月上旬开始喷施 200 倍石灰倍量式波尔多液、代森锰锌加以防治，后者施药的安全间隔期为（最后一次施药距收获的天数）7～14d。

五、周年生产关键技术

限制无花果在我国北方地区发展的主要因素是低温伤

害。近年来，北京农学院无花果课题组从威海和以色列引进无花果品种 40 个，并首次在北京设施栽培取得成功。无花果在设施栽培条件下，持续结果能力强、优质高产、抗病虫害，成为生产高端果品的珍贵树种。无花果果实成熟属于呼吸跃变型，同时受乙烯和脱落酸调控。由于无花果果实后期发育存在糖韧皮部卸载路径由共质体向质外体途径转变，因此果实成熟快且采后迅速衰老，极不耐储运。无花果在北方地区虽然可以通过设施栽培发展，但无花果果实没有后熟现象且不耐储运，这些因素极大地限制了无花果在北方地区的发展。寻找新的栽培模式已成为北方地区无花果持续发展的关键突破口。

北京设施栽培无花果果实供应期主要在夏秋季，但高温多湿加剧了无花果的腐烂变质。如果能将无花果果实生产期延长至冬春季，不但效益高，而且冬季低温有助于采后保鲜。为此，本研究首次利用加温温室并结合夏季平茬技术，将无花果供应时间延长至冬春季，可以做到周年生产。无花果周年生产技术为北方地区无花果可持续发展提供技术支撑。

良种无花果马斯义·陶芬作为无花果周年生产的试验品种，树龄 3 年，在北京农学院科技产业园加温日光温室及普通日光温室各生长 1 栋，试验时间为 2014—2016 年。日光温室为钢筋骨架，东西走向，全长 70m，温室跨度 10m，室高 4m，后墙高 2.5m，墙体厚 0.5m。选用聚乙烯无滴膜为透明采光材料，以棉被作为保温覆盖材料，配有双卷帘机。冬季加热温室供暖时间为 11 月 1 日至翌年 3 月 30 日。

株行距为 1.5m×2m，起垄栽培，垄高 30cm，垄底宽

70cm，垄顶宽 50cm。每年冬夏季在距地面 10～20cm 处对主枝进行平茬管理。具体时间为夏季 8 月中旬，冬季 12 月中旬。

1. **果实大小及可溶性固形物含量测定** 花芽分化后标记第一批果，每株 3 个，共选 3 株，使用游标卡尺测量果实大小，取最大横截面积的直径为横径长度，测量至果实成熟，每周测两次，最后取平均值绘制成果实生长曲线。果实成熟后每株选出 3 个代表性果实，共 3 株，用 Atago PAL - 1 数显糖度计进行可溶性固形物含量测定，最后取平均值代表果实糖含量。实验设 3 次重复。

2. **土施水肥管理** 平茬以后，在垄与垄之间的沟壑里追施牛厩肥，牛厩肥每千克含氮 3.5g、磷 1.6g、钾 4.0g。每沟施用量为宽 30cm，高 10cm，长 6m 体积的牛厩肥，每栋总施肥量为：50（沟）×0.3m×0.1m×6m＝9m³。灌水模式及灌水量：当土壤含水量低于 50% 时，在垄与垄之间的沟壑里进行灌水。每沟灌水量为宽 30cm，高 20cm，长 6m 体积的水，每栋总灌水量为：50（沟）×0.3m×0.2m×6m＝18m³。

3. **温湿度及病虫害管理** 用温湿度自动记录仪进行检测。夏季避雨栽培，超过 40℃ 进行通风；冬季低于 10℃ 要进行加温，保持空气湿度在 70% 以上。由于无花果抗病虫害能力强，加上每年更新，健壮的枝叶基本没有病虫害。但果实成熟以后容易腐烂。

4. **加温日光温室的使用** 北京日光温室 2 月初开始揭苫增温，无花果 3 月开始花芽分化，4 月开始现果，5 月无花果果实进入第一次快速生长期，6 月进入缓慢生长期，7 月中旬进入第二次迅速生长期并快速进入成熟期。总之，不加温日光温室马斯义·陶芬无花果果实发育期大约 90d，有 2 次快速生长期，呈双 S 形，果实成熟期大约在 7 月中旬，平均可溶性固形物含量可达 17%。

无花果在当年新梢延长生长的同时，由基部向上依次形成花托开始结果，成熟时间为由下而上逐步分批成熟。因此，日光温室栽培无花果果实采摘可持续至 12 月上旬。进入 12 月中下旬后，温室内出现大幅度降温现象，11 月 14 日，最低温度达−1.8℃并持续 1h，当日叶片开始萎蔫，出现冻害现象。因此，在不加温的情况下，北京日光温室的冬季温度条件无法满足无花果生长的要求。

如果对夏季和秋季持续结果的无花果进行冬季加温，由于无花果经过一个生长季节的发育，末梢剩余的无花果即使冬季加温继续生长，果实品质最终也达不到商品的要求。因此，冬季生产无花果需要新的栽培模式。

根据不加温温室的无花果果实发育规律，笔者团队尝试夏季平茬、冬季加温并进入结果期的栽培模式。选择在 8 月中旬开始平茬，即从距地面 10～20cm 处对主枝进行重短截修剪，平茬后主枝上的隐芽两周后抽生新梢，9 月下旬新梢进入快速生长并开始花芽分化。10 月至 11 月中旬果实进入第一次快速生长期，11 月中旬至 12 月中旬进入缓慢生长期，12 月下旬至翌年 1 月上旬果实进入第二次迅速生长期并快速进入成熟期。成熟的果实平均可溶性固形物含量可达 19%。总之，在夏季平茬的加温日光温室中，马斯义·陶芬无花果果实发育期大约 104d，有 2 次快速生长期，呈双 S 形，果实成熟期在 1 月上旬。

限制无花果在我国北方地区发展的主要因素是冻害。因此，设施栽培是无花果在北京发展的必要条件。北京设施无花果鲜果供应高峰大致在 8—10 月，但这期间的高温多湿加剧了无花果果实的腐烂变质；又由于 8—10 月是各种鲜果供应的集中期，但市民对无花果认识度不高，导致了北京无花果的效益并不理想。因此，寻找新的栽培模式已成为北方地区无花果可持续发展关键的突破口。

无花果虽属于呼吸跃变型果实，但不同于具有后熟现象的香蕉和番茄等典型呼吸跃变型果实，即不能在绿熟期采摘，采摘后无法经过后熟达到可食用成熟度；另一方面，又具有非呼吸跃变型果实的成熟特点，即无花果果实后熟现象不明显，只有在树上达到可食成熟度才能采摘，但采后迅速衰老；此外，成熟的无花果在果顶端裂一小圆口并易裂果，易遭受病虫危害，这些因素使得无花果极不耐储运。果实不耐储运是限制无花果在北方地区发展的瓶颈。

基于以上考虑，笔者团队提出温室加温，延长无花果供应期及春节上市的思路。结果发现，12 月下旬至翌年 1 月上旬果实可以进入成熟期并供应市场。由于冬季的低温环境，果实采摘后可迅速进入冷链，极大延长了鲜果的货架期。也可加大株行距，采用间行或间株夏季平茬模式，进行无花果周年鲜果供应。

六、问题及发展

近几年来，北京都市型现代果业以"三品一标"迅速开拓市场，极大地带动了果农的积极性，果品产业发展迅速。目前，京郊果树产业布局"八带百群千园"已经初步形成。2015 年北京果树栽培面积已经达到 15.4 万 hm^2，产值 45 亿元，果品产业已成为京郊农民增收致富的主导产业，产生了显著的经济效益、生态效益和社会效益。

但是无花果果实不耐储运，因此，无花果果实加工及保鲜新技术研究与开发是无花果未来可持续发展的关键。目前，贮藏保鲜技术主要有冷藏、1-甲基环丙烯（1-MCP）处理、气调贮藏、二氧化硫处理、二氧化氯处理等。无花果适宜的冷藏温度为-2～4℃，在0℃条件下能达到很好的保鲜效果。冰点冷藏可能是无花果果实保鲜发展的新方向。另外，0.01%醋酸处理后在2℃冷藏是简易有效的保鲜方法。

限制无花果在我国发展的主要因素还有低温伤害。1996年山东省林业科学研究院承担了国家林业局项目，先后从美国、日本等国家引进了无花果品种66个，在威海进行露地试栽。2011年北京农学院从中国山东威海和以色列引进无花果品种40个，在北京进行设施栽培并取得成功，在栽培模式和品种筛选等方面取得了初步研究结果。尤其值得关注的是，笔者团队最近试验证实，在加温日光温室栽培条件下，无花果鲜果可以周年供应。目前，世界无花果主产国为土耳其、葡萄牙、美国、西班牙、埃及、伊朗等国家，中国产量不到1万t，排在世界二十位之后。因此，无花果在我国有广阔的发展前景。

无花果的花序因藏于花托内部而得名。相比而言，苹果的食用部分主要是花托，桃子的食用部分主要是子房，而无花果所有的花器官均可被食用，因此营养价值全且高。无花果可以制为果干、果脯、果酱、果汁、果茶、果酒、饮料、罐头等，最近笔者团队的试验取得初步成功，发现利用无花果的叶子可以制作清香的上等绿茶。参考工序为：将无花果叶在60～80℃旋转加工条件下，杀青20min变软，而后取出进行揉捻，再回炉烘干 20～40min，脱水至绿中泛黄即可。可以说，无花果具有极高的营养价值和药用价值，是一种特殊的果品和天然植物药物，其硒元素含量是普通水果的 3～5 倍，常食用能提高人体的免疫力，具有防癌和抗癌功效。法国的科研工作者研究发现，常吃无花果地区癌症的发病率极低，最近笔者团队对无花果进行了转录分析，也发现了抗癌基因。另外，无花果果实对高血压和糖尿病也有一定的疗效，其叶片煮水还具有治疗痔疮的作用。

本课题组 2011—2016 年在北京引种试验的成功，表明在北京地区发展无花果具有得天独厚的优势：①能够生产真正的有机果品。在设施栽培条件下，无花果抗旱、耐瘠薄、无病虫害、无需用药，是生产有机高端果品的珍贵树种。②无花果持续结果能力强，可周年供应，经济价值高。在不加温日光温室栽培条件下，鲜果供应期可达 6 个月（6—11 月），在加温日光温室则可周年供应。无花果每 667m² 产量为 1 000～1 500kg，高产优质，平均 40 元/kg，经济效益每 667m² 达 4 万～6 万元。③已筛选了适合北京的栽培品种：马斯义·陶芬、108B 和青皮。④已在北京郊区推广普通日光温室和塑料大棚近 2.66hm²。最近"京郊日报"对笔者团队的研究成果进行了报道，引起了社会的广泛关注，为无花果后续推广示范打下了坚实的基础。

因此，未来可集中北京的科技、资金和文化优势，加大无花果的推广力度、宣传力度及无花果加工产品研发力度，提升无花果产品附加值，打造我国无花果鲜食和加工高端产品，在北京乃至京津冀打造一条新的果品产业链，发展前景广阔。

第三章

无花果成熟与调控

  理论研究是人们经过对自然现象长期的观察与总结，并提取其过程中关键因素而形成的一套简化的描述。人们观察各种自然现象后对其产生了解兴趣，进而对其进行深入研究和讨论，理论研究的深入也是人们了解自然现象和自然界的阶梯。无花果的理论研究最早出现在公元前 3 世纪，希腊进行无花果成熟调控的研究，用油处理无花果的果孔，以增加烯类化合物的浓度，这种调控方式也因此传遍全球。随着无花果种植范围的扩大及其价值不断被发掘，无花果的相关理论研究也在不断开展并深入至今。笔者团队投入大量精力研究了无花果的形态、发育过程、成熟调控相关机理，具体包括形态学、生理学、分子生物学等方面的研究。

一、无花果果实的发育过程

  无花果的果实是一种特殊的隐头花序，它的花序被花序轴所包裹，花序轴有梗，顶端有果孔，花序轴内部着生大量小花。大多数的无花果栽培品种是单性结实，果实内部的小花均为雌花，小花底部有梗，顶端有种子和柱头。

马斯义·陶芬无花果自花芽分化至完全成熟约需 80d，发育过程为双 S 形曲线，整个发育周期被分为 3 个阶段，即第一个快速生长时期（阶段Ⅰ）、缓慢生长期（阶段Ⅱ）和第二个快速生长时期（阶段Ⅲ）。为了更好地研究无花果的发育过程和分子机制，笔者团队必须对无花果果实的发育过程进行一个系统、详细的描述。首先通过果实外观和剖面进行观察，将无花果果实的发育过程分为了 6 个时期：将无花果在花芽分化后 20、30、70、77、80、83d 的状态，分别标记为小绿期（small green SG）、大绿期（large green LG）、褪绿期（de-greening DG）、始红期（initially red IR）、片红期（partially red PR）和全红期（full red FR）；然后通过显微结构的观察、生理指标的测定等，确定了划分这 6 个时期的科学性，即每个时期无花果果实的独特性和标志性，以此标准来区分无花果果实发育过程的不同时期。

（一）材料与方法

1. **植物材料** 本试验使用的无花果品种为马斯义·陶芬（*Ficus carica* Linn. 'Masui Dauphine'），来自北京农学院科技种植园 6 号温室种植的 5 年生果树。无花果生长的温室条件为：22～25℃，湿度 50%～80%，光照时间 14h/d。在温室里摘取每个时期的无花果果实，切成适当大小的块状，并立即用液氮冻存并放入 -80℃冰箱中备用。

2. **试验方法**

（1）**无花果果实纵横径的测量** 在花芽分化时随机标记 3 个果实，在 20、30、70、77、80、83d 时使用电子游标卡尺分别测量果实横径，记录并取中间值。

小花发育过程的记录：由于切开无花果会促进其成熟，因此笔者团队分别取不同时期的无花果果实，随机取其内部小花进行体式显微镜拍照记录。

（2）小花石蜡切片观察　随机取 6 个时期的无花果小花，浸入在 F. A. A 固定液中 24h 后使用梯度乙醇对样品进行脱水处理（30％、50％、70％、80％、90％、95％、100％、100％、100％），每级处理时间 30min，100％乙醇处理时适当减少脱水时间，避免样品表面脱水过度。脱水后的样品浸蜡之后进行包埋，干燥 1 周之后使用石蜡切片机进行切片。切片经梯度乙醇复水（100％、100％、90％、85％、80％、75％、50％、30％、0）之后进行甲苯胺蓝染色，之后使用荧光正置显微镜进行观察和拍照。

（3）小花扫描电镜观察　随机取 6 个时期的无花果小花，浸入戊二醛固定液中 24h 后使用梯度乙醇对样品进行脱水处理（30％、50％、70％、80％、90％、95％、100％、100％、100％），每级处理时间 30min，100％乙醇处理时适当减少脱水时间，避免样品表面脱水过度。脱水后的样品通过叔丁醇进行冷冻干燥，将样品通过铜胶带粘在样品台上，之后进行扫描电镜镜检和拍照。横切面石蜡切片观察：随机取 6 个时期的无花果果实，沿赤道线进行纵切，取小块，包括小花及其连接的花托部分，样品处理及观察与小花石蜡切片观察基本相同，根据样品的大小及硬度，适当增加浸蜡时间。

（4）可溶性糖含量测定　使用 ZORBAX Eclipse XDB-C_{18}-column（4.6mm × 150mm，5μm；Agilent），Agilent Technologies 1200 Series，6.5mm×300mm Sugar-Pak TM 色谱柱，通

过 HPLC（高效液相色谱）测定了 3 种水果（$n=3$）的花色苷和可溶性糖含量。用超纯水将蔗糖、D-（＋）葡萄糖和 D-（一）果糖的各个可溶性糖样品（0.1g）溶解至 10mL 容量瓶中的毫升数作为标准。将粉末（0.5g）和 10mL 80％乙醇混合，80℃水浴孵育 3min，然后在 10 000 离心力下离心 10min；将上清液收集在 100mL 三角烧瓶中。将残留物与 10mL 的 80％乙醇混合，80℃水浴 20min，然后在 10 000 离心力下离心 20min。整个过程重复 2 次，然后合并上清液。洗涤剩余的残余物，并用 1mL 的 80％乙醇过滤。将滤液移至 10mL 试管中，加入两滴 5％萘酚并混合。沿管壁缓慢添加浓硫酸，直到两层的连接处没有出现紫色环，确保可溶性糖已从样品中完全提取出来。在沸水中将上清液蒸发完全，并用 20mL 蒸馏水洗涤 2 次；然后将体积增加至 50mL，取其中 2mL 用于 LC-18 固相萃取。在这 2mL 溶液中，提取并丢弃 1mL 溶液，然后收集剩余的 1mL 溶液并通过孔径 0.45mm 的膜以测定可溶性糖含量。试验重复 3 次。

（5）淀粉含量测定 分别取花芽分化后 20d 小绿期、30d 大绿期、50d 褪绿期、77d 始红期、80d 片红期及 83d 全红期无花果果实的小花及果皮。在提取可溶性糖后，收集沉淀物，与 20mL 水混合，并在水浴中煮沸 15min。将样品与 2mL 高氯酸（9.2mol/L）混合 15min，冷却至室温，过滤并稀释，用蒽酮比色法测定待测样品中的淀粉含量。试验重复 3 次。

（6）乙烯含量测定 随机选取 6 个时期无花果果实各 3 个，将其在 500mL 玻璃广口瓶中于 25℃放置 2h，然后从广口瓶顶部空间抽出 1mL 气体，并将其注入配有火焰离子化检测器和气相色谱仪的气相色谱仪中。用活性氧化铝柱（型号

6890N，安捷伦）和 FID 检测器；柱温保持在 50℃，进样口温度为 250℃；前置检测器温度为 300℃；后置探测器温度为 68℃；每个样品保持运行 2.5min。实验重复 3 次。

（7）ABA 含量测定 随机选取 6 个时期无花果果实各 3 个，将 0.5g 样品在研钵中研磨并加入提取液（80％甲醇）混合均匀。将提取物离心 20min。上清液通过 Sep - Pak C_{18} 柱洗脱以除去极性物质，然后储存在冰箱 -20℃ 条件下，用酶联免疫法（ELISA）检测样品中 ABA 的含量。试验重复 3 次。

（8）硬度测定 将需要测定的果实采摘，放在冰上带回实验室，用 GY - 4 果实硬度计垂直于果实表面进行硬度测定，果实硬度单位选取为 N/cm^2。试验重复 3 次。

（9）花色苷含量测定 随机选取 6 个时期无花果果实各 3 个，果皮和果肉分别随机取材 0.5g，加入液氮研磨成细粉，加入 5mL pH3.0 的 80％乙醇溶液在 50℃ 条件下浸提 3h，用滤膜过滤之后将滤液蒸干，再加入甲醇溶液定容至 30mL，超声振荡至提取物完全溶解，取试样溶液 0.5mL，用孔径 0.45μm 灭菌膜过滤，滤液备用。用 HPLC 检测花色苷含量，选用 C_{18} 色谱柱（4.6mm×250mm，5μm），流动相为 0.2％甲酸溶液-乙腈（98∶2）的混合溶液，流动相流量为 1mL/min，色谱柱温度为 30℃，每个样品进样量为 10μL，检测波长 520nm。试验重复 3 次。

（二）试验结果

无花果果实发育的外观变化主要包括果实的膨大和着色。从小绿到褪绿，果实大小的变化不显著，且持续时间较长。但从褪绿时期开始，果实开始迅速膨胀并在随后开始着色，在全红期间果皮着色最完全，呈红至紫红色，且果皮中的花色苷含量达到峰值（彩图 3-1A，F）。果实内部的小花从小绿时期开始膨胀，在大绿时期充满果实腔，在褪绿时期小花中花色苷含量具有明显的高峰，可见着色。褪绿期之后果实快速膨胀，之后空腔再次出现在果实内部，但值得注意的是，整个发育过程中，花序轴并没有显著变化（彩图 3-1G），同时，小花部分褪色。从始红时期开始，小花重新充满了果实的空腔。在全红时期，花的组织开始疏松和分离，类似动物由于受伤而流出的组织液，花中的内容物充满了果实的内部（彩图 3-1B）。选取小花作为显微和亚显微观察的样品，因为其在发育过程中发生了显著的变化。而相对小花来讲，花托的厚度变化微小。采用甲苯胺蓝荧光染色法观察石蜡切片，通过扫描电子显微镜观察亚显微结构。

在无花果果实的整个发育过程中，蔗糖含量没有显著变化。但是，葡萄糖和果糖的含量在整个过程都有所升高，尤其是在成熟期和着色期急剧增加（彩图 3-1H）。无花果果实中的乙烯含量在发育的早期阶段增加，而在片红阶段达到峰值后开始下降。ABA 含量持续上升，特别是在片红至全红时期（彩图 3-1I）。

在无花果的发育过程中，从小花和花序轴的长度比较可以看出，小花在整个过程中发育成重要的部分（彩图 3-1G）。通过小花和种子的石蜡切片观察到花梗和胚胎的形态（彩图 3-1E）。小绿时期的果实大小发生了显著变化。水果的纵径和横径在 30d 内增加了约 6 倍。花也伸长至原来的约 2 倍，呈白色。通过观察显微形态，此时萼片紧紧包裹子房，果实处于第一个快速生长阶段，但花色苷含量、可溶性糖含量、激素含量等生理指标没有明显变化。从大绿时期开始，果实膨胀的速度减慢并进入缓慢的生长阶段。与小绿时期相比，大绿时期的果实果皮更绿。大绿时期的小花呈白色，萼片已经张开，但胚胎不再发育并开始有萎缩趋势，此时的小花表皮细胞排列仍然紧密。褪绿时期的果实处于缓慢生长期的末期。此时，果实的大小没有明显改变。果皮的绿色褪色，呈黄绿色，花朵略微伸长，颜色为红色。尽管种子仍在膨胀，但胚胎仍在萎缩，细胞仍然紧密堆积。始红时期是无花果果实第二个快速生长阶段的开始。这时，果实显著膨胀，果皮开始变色。花略微拉长，但颜色部分消失，胚胎保持萎缩，种子不再膨胀，某些组织开始不完整。片红时期正处于快速增长的第二阶段，此时，果实大小仍在扩大，大部分果皮已经着色，花朵迅速伸长，在 3d 内伸长约 20％；花再次着色，花青素含量略高于始红时期，但低于褪绿期，细胞不再紧密堆积，表皮不再致密。全红时期是果实发育的最后阶段，正处于第二个快速生长阶段，果实大小迅速膨胀，果皮完全着色，花迅速伸长，在 3d 内伸长 30％，红色不明显；细胞排列不紧密，有明显的间隙，大部分组织不完整，最后细胞内容物流出；胚从大绿时期至完全成熟，一直处于萎缩状态。

（三）讨论

果实发育是一系列生理变化的统称，其过程更是果树学研究的重点之一，无花果果实的发育过程可以分为 3 个阶段，即第一个快速发育阶段、缓慢发育阶段、第二个快速发育阶段。

然而更加精细地将果实发育的过程划分为不同的时期，需要参照各种生理指标的变化。通过测定花芽分化后不同时间的无花果果实的生理指标，结合其表观和微观的变化，笔者团队将无花果果实的发育过程分为更加精准的 6 个时期，并用以上指标对其进行描述。

在实验结果中，供试无果马斯义·陶芬为一种只有雌花的单性果实，笔者团队发现，果实的发育过程中种子虽然在第一个快速发育阶段和缓慢发育阶段都有膨胀，但胚却在大绿时期呈现萎缩的趋势，并在之后的时期保持萎缩的状态。通过无花果种子的育苗实验，笔者团队发现马斯义·陶芬无花果的种子不能培育实生苗，这可能和其胚胎发育不完整有密切的关系。此外，褪绿期的各种生理指标都与前两个时期有较大的差异，并且褪绿期是第二个快速发育时期的开端，第二个发育时期也是无花果果实成熟过程的重要时期，这个实验结果让笔者团队后期也更加注重种子和果实发育的关系，以及将大绿时期的后期及褪绿时期作为无花果果实发育过程中的重要转折阶段。

后熟是大多数呼吸跃变型果实所具有的一种特殊生理现象，许多呼吸跃变型果实在采收后可以进一步成熟，果实的含糖量、软化程度、口感和颜色会有一系列的变化。由于存在后熟现象，因此可以在呼吸跃变型果实未到达完熟状态时进行果实采收，这样做更加方便贮存和运输，以防果实在销售前质量下降。在呼吸跃变型果实的后熟过程中，有一个重要的指标表明，后熟过程中淀粉通过多步酶促反应降解为可溶性单糖。可溶性糖是果实甜度的主要成分，它主要来自上游淀粉的降解。但是无花果没有这种现象，它在成熟之前不会积累淀粉。典型的呼吸跃变型果实如香蕉、梨和番茄，在成熟过程中均具有显著的淀粉积累现象，以确保果实完成后熟，但没有发现淀粉积累现象在非呼吸跃变型果实，如草莓和桃中发生。

二、无花果不同时期转录组数据分析

鉴于乙烯在无花果果实中刺激了阶段Ⅱ早期的生长并促进了阶段Ⅱ晚期和阶段Ⅲ的生长和成熟，因此要了解受植物激素调节的无花果果实的成熟，需分别提取 LG，DG，IR，PR 和 FR 果实 RNA。使用 Trinity 软件（Trinityrnaseq_ r20131110 version，Grabherr et al. ，2011）基于配对末端从头组装方法，在每个阶段将 3 个果实分为 5 个组，共分为 15 个 cDNA 文库（$n=3$，试验重复 3 次）。总共获得了 84 803 个单基因，其中 40 004 个基因长于 1kb，并且在 NR 数据库中匹配了 46 569 个（54.9%）、32 637个（38.5%）单基因与 SWISS-PROT 数据库中的蛋白质具有相似性。总共 40 573 个单基因被分为 25 个 KOG 注释，特别是 3 个主要途径，包括信号转导机制、翻译后修饰/蛋白质更新/分子伴侣和仅一般功能预测。最后，在 NR、SWISS-PORT、TrEMBL、Pfam、KOG、KEGG 和 GO 中成功地注释了共 47 356 个（55.8%）单基因，其中通过生物学过程、细胞成分和分子功能的 GO 分析注释了 40 500 个单基因。基于 KEGG 通路分析，注释了涉及 22 271 个单基因的 368 条通路，前十大通路包括核糖体、碳代谢、剪接体、内质网中的蛋白质加工、植物激素信号转导、氨基酸的生物合成、内吞、淀粉和蔗糖代谢、RNA 转运。

注释文库对之间的差异表达基因（DEG）（LG-DG，LG-IR，LG-PR，LG-FR；DG-IR，DG-PR，DG-FR；IR-PR，IR-FR；PR-FR）筛选 $q < 0.01$ 的双重上调和下调基因。将 DG/IR/PR/FR 与 LG 进行比较，分别检测到总共 10 560、11 889、11 340 和 22 492 个 DEGs，分别检测到上调/下调 3 780/6 780、4 060/7 829、4 467/6 873 和 15 041/7 451 个基因（彩图 3 - 2A 和 B）。这些结果表明，从 LG 到 PR，不同表达的基因变化较小，一旦在 FR 上成熟，总 DEGs 大约增加了 1 倍，而上调基因数量则超过 3 倍，这表明大量 DEGs 在 FR 上的表达急剧增加。加上成熟阶段 IR/PR/FR 与 DG 的比较也证实了这一观点（彩图 3 - 2A 和 C）。将 PR/FR 与 IR 进行比较，分别检测到总共 2 068 和 11 061 个 DEGs（彩图 3 - 2A 和 D）。这些结果表明，与（FR-IR）和（PR-IR）相比，DEGs 增加了 4 倍以上，进一步证实与始熟相比，成熟需要更多的上调 DEGs。实际上，将 FR 与 PR 进行比较，在总共 10 691 个 DEGs 中，有 10 055 个被上调，而只有 636 个被下调。笔者团队认为，在很大程度上，成熟前的无花果果实失去了启动这些 DEGs 表达的能力，因此无法完成成熟过程。

为了了解 ABA 和乙烯在无花果果实成熟中的作用，笔者团队以 2 倍的差异表达水平扫描了 DEGs 相关的植物激素信号转导途径（KEGG 途径：ko04075），$q < 0.01$。筛选了 DEGs，包括乙烯相关调控基因（ACS、ACO2、ETR1、ETR2 和 CTR1），脱落酸相关调控基因（ZEP/ABA1、AAO3 和 PYL8），生长素相关调控基因（GH3、IAA 和 ILR1），赤霉素相关调控基因（GID1 和 GAMT2），细胞分裂素相关调控基

因（*AHK*2 和 *CKX*）和油菜素内酯相关调控基因（*BZR*1 和
BSK）。这些结果表明，无花果果实的成熟涉及植物激素的多
种调控，至少包括乙烯、ABA、IAA、GA、CTK 和 BR。

三、无花果果实同化物转运

　　植物通过 CO_2、水等在源组织或器官进行同化物的合成，
其中一部分作为合成部位生长发育的原材料，另外很大一部分
会以不同形式运输至库器官。在运输过程中，有通过胞间连丝
进行的共质体运输和通过载体进行的质外体运输。运输至库器
官的可溶性糖可以以蔗糖的形式直接进行储存，也会在蔗糖卸
载过程中，通过位于细胞壁的细胞壁酸性转化酶水解为葡萄糖
和果糖；也会在细胞质中被细胞质转化酶和蔗糖合成酶转化为
葡萄糖和果糖；也会在液泡中被液泡转化酶分解为葡萄糖和果
糖；此外，也可以以淀粉的形式进行储存。

　　不同的果实发育过程及成熟后主要积累的同化物不同。呼
吸跃变型果实往往在果实的成熟过程中积累大量淀粉，在果实
发育后期或后熟过程中，贮存的淀粉等物质被迅速分解。非呼
吸跃变型果实通常不进行淀粉积累或淀粉含量很低，光合作用
的产物通常以可溶性糖的形式进行积累，并且不同的果实含有
的可溶性糖的种类和数量并不相同。

　　通过测定无花果果实中淀粉含量及可溶性糖含量等生理指
标，笔者团队发现，在无花果果实的成熟中没有淀粉合成过
程，这说明其有别于传统的呼吸跃变型果实。我们通过透射电
子显微镜超微结构观察，结合荧光染料示踪技术，对无花果果

实发育过程中韧皮部的卸载方式进行了研究。

（一）材料和方法

1. **维管束分布的观察** 用1‰的水溶性酸性品红溶液染料示踪法观察维管束的分布和运输，为了防止气泡栓塞木质部，用蒸馏水瓶浸没果实果柄基部，从果柄基部连接茎干的部位剪断，然后断口浸入染液，在室温下保持2h，果实从赤道面切开，在切开时尽量减少组织损伤，保持切面的平滑。

2. **透射电子显微镜超微结构观察** 随机取6个时期无花果果实，切取主要维管束及周边果肉小块，在戊二醛固定液中浸泡24h，使用0.1mol/L，pH7.2的磷酸缓冲液洗涤10次，每次5min。洗净后迅速浸入1％四氧化锇固定液，3h后使用0.1mol/L，pH7.2的磷酸缓冲液洗涤10次，每次5min。洗净后使用梯度乙醇进行脱水（30％、50％、70％、80％、90％、95％、100％、100％、100％），每级使用时间15min。之后使用100％丙酮置换3次，每次15min。分别用Super包埋剂（丙酮1∶1；1∶2；1∶3）浸透8h，转入包埋板烘烤15h后，取出进行修块和切片，之后进行观察和拍照。

3. **胞间连丝密度测定** 参照Zhang等人及Kempers等人的方法进行测定。用超薄切片机将各个时期的样品包埋块做5次连续切片，每次连续切片和上次连续切片间大约相距$20\mu m$，每次切片随机捞取6条样品带于2个0.25％Formvar膜覆盖的200目铜网上。用透射电子显微镜观察，分别选取4个以筛管/伴胞复合体为中心的视野，统计筛管/伴胞复合体、筛管/薄壁细胞、伴胞/薄壁细胞以及薄壁细胞之间的细胞截面的胞间连丝密度，胞间连丝密度是韧皮部横切面细胞界面平均长度上的胞间连丝个数。所有的分支胞间连丝按照 1 个统计。

4. 荧光染料示踪（CFDA 和 Texas Red 标记） 参照 Zhang 等人的方法测定，将果柄冲洗干净后，用棉线穿过装有脱脂棉的 $200\mu L$ 离心管，接着穿过果柄韧皮部，用石蜡密封穿出孔，离心管内加 $200\mu L$ 浓度为 1mg/mL 的 CFDA 丙酮溶液，离心管盖打孔，管身用锡箔纸包好。处理 24h 后采摘果实，为了清楚标记木质部的位置，将已经引入 CFDA 的果实采摘后去掉木质部以外的部分，插入浓度 1mg/mL 的 Texas Red 中，处理 30min，对果实进行徒手切片 CLSM 观察。

（二）试验结果

无花果是由花序轴顶端膨大并凹陷形成的腔室，腔室壁上着生有许多小花而形成假果（彩图 3-3A，B）。无花果果实维管束分为主要维管束和次要维管束，通过 1％的水溶性酸性品红溶液染料示踪法以及石蜡切片观察结果表明，在果皮附近，由果柄向果孔方向纵向排列的是主要维管束，在花序轴内部及小花的花梗处分布的是次要维管束（彩图 3-3）。主要维管束是同化物运输的主要通道，它们排列均匀，分布在靠近果皮处，从果柄至果孔纵向排列；次要维管束对同化物运输起着次要的辅助运输作用，分布在果实花序轴内部以及小花的花梗等部位。无花果的主要维管束是双韧维管束，分为内韧皮部和外韧皮部，维管束周的细胞是果肉薄壁细胞，在内韧皮部和外韧皮部中间分布着木质部（彩图 3-3C）。

对无花果果实发育过程中胞间连丝密度进行统计，发现无花果果实整个发育过程中，筛管/伴胞复合体之间都存在大量的胞间连丝。然而在筛管和薄壁细胞之间始终没有观察到胞间连丝。在第一个快速生长阶段和缓慢生长阶段中，伴胞和薄壁细胞之间存在大量的胞间连丝，而在第二个快速生长阶段中，伴胞和薄壁细胞之间没有统计到胞间连丝。在果实发育的整个过程中，薄壁细胞之间始终存在大量胞间连丝。

无花果进入始熟期后，果实迅速成熟，在无花果果实韧皮部透射电子显微镜超微结构观察中表明，始红期前无花果果实内伴胞和薄壁细胞之间存在大量胞间连丝（图 3-1，图 3-2，图 3-3，表 3-1），果实韧皮部和周围薄壁细胞之间存在共质体联系，同化物能通过共质体途径从韧皮部运输到周围薄壁细胞。

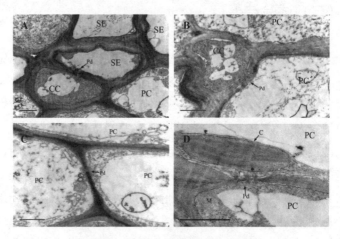

图3-1　无花果小绿时期筛管/伴胞复合体及周围薄壁细胞

A. 小绿时期 SE/CC 复合体及其之间的胞间连丝

B. 小绿时期 CC/PC 之间的胞间连丝

C、D. 小绿时期 PC/PC 之间的胞间连丝

SE：筛管；CC：伴胞；PC：薄壁细胞；Pd：胞间连丝

注：所有样品均为横切，标尺＝1μm。

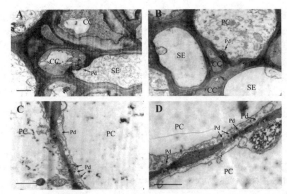

图3-2　无花果大绿时期筛管/伴胞复合体及周围薄壁细胞

　　A. 大绿时期 SE/CC 复合体及其之间的胞间连丝

　　B. 大绿时期 CC/PC 之间的胞间连丝

　　C、D. 大绿时期 PC/PC 之间的胞间连丝

　　SE：筛管；CC：伴胞；PC：薄壁细胞；Pd：胞间连丝

　　　　注：所有样品均为横切，标尺＝1μm。

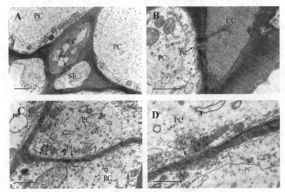

图3-3　无花果始红时期主要维管束筛管/伴胞复合体及周围薄壁细胞

　　A. 始红时期 SE/CC 复合体及其之间的胞间连丝

　　B. 始红时期 CC/PC 之间的胞间连丝

　　C、D. 始红时期 PC/PC 之间的胞间连丝

　　SE：筛管；CC：伴胞；PC：薄壁细胞；Pd：胞间连丝

　　　　注：所有样品均为横切，标尺＝1μm。

表 3 - 1　无花果果实发育过程中韧皮部不同细胞类型间胞间连丝密度

果实发育时期	SE/CC	SE/PC	CC/PC	PC/PC
小绿	0.76±0.30	0	0.82±0.13	0.77±0.14
大绿	0.59±0.15	0	1.04±0.56	0.76±0.16
始红	0.42±0.05	0	0.52±0.07	0.62±0.16
片红	0.35±0.05	0	0	0.54±0.10
全红	0.40±0.09	0	0	0.95±0.39

注：单位是横切面细胞界面平均长度（1μm）上的胞间连丝数量。每个值是均值±标准差，30 个重复。

SE，筛管；CC，伴胞；PC，薄壁细胞。

在始红期后没有观察到伴胞和薄壁细胞之间的胞间连丝（图 3-4，图 3-5，表 3-1），果实韧皮部和周围薄壁细胞之间存在共质体隔离，同化物运输主要通过质外体途径。无花果始红期后胞间连丝消失阶段表明，此时无花果果实中由共质体联系向共质体隔离发展。无花果果实发育过程中筛管/伴胞复合体之间始终存在胞间连丝表明，在筛管/伴胞复合体之间存在共质体联系，二者存在密切的物质交换。筛管内细胞器稀少，很多代谢及能量的供给不能自我完成，伴胞通过胞间连丝为筛管提供一定的物质和能量。而筛管和薄壁细胞间始终没有发现胞间连丝的存在，说明二者之间存在共质体隔离，同化物不能从筛管通过胞间连丝进入薄壁细胞。薄壁细胞间始终存在大量的胞间连丝，表明薄壁细胞间存在共质体联系，同化物能够通过共质体途径在薄壁细胞间进行运输。表明同化物从韧皮部卸出到果实库细胞后的无花果果实韧皮部运输始终是共质体运输途径，共质体运输途径不需要消耗能量，运输速度快，韧皮部运输采用共质体途径能将同化物快速运入库细胞，有利于维持同化物浓度梯度，进一步有利于同化物运输。

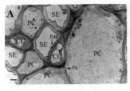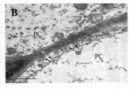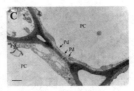

图 3-4　无花果片红时期主要维管束筛管/伴胞复合体及其周围薄壁细胞

A. 片红时期 SE/CC 之间有胞间连丝，SE/PC 和 CC/PC 之间没有胞间连丝

B、C. 片红时期 PC/PC 之间的胞间连丝

SE：筛管；CC：伴胞；PC：薄壁细胞；Pd：胞间连丝

注：所有样品均为横切，标尺＝1μm。

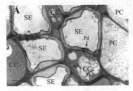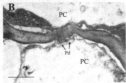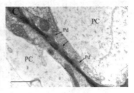

图 3-5　无花果全红时期主要维管束筛管/伴胞复合体及其周围薄壁细胞

A. 全红时期 SE/CC 之间有胞间连丝，SE/PC 和 CC/PC 之间没有胞间连丝

B、C. 全红时期 PC/PC 之间的胞间连丝

SE：筛管；CC：伴胞；PC：薄壁细胞；Pd：胞间连丝

注：所有样品均为横切，标尺＝1μm。

　　将荧光染料 CFDA 引入果实后对无花果果实主要维管束作横切和纵切观察，CFDA 在果实内被代谢为 CF，通过观察CF 在果实韧皮部及其周围薄壁细胞的分布，可以判断出无花果韧皮部同化物卸载的路径。在片红时期前，无花果果实韧皮部筛管/伴胞和周围薄壁细胞之间有胞间连丝，存在共质体联系，均可以看到荧光染料 CF 从内韧皮部和外韧皮部运出到周围薄壁细胞中，同化物主要采用共质体途径卸载的方式。在片红时期，荧光染料 CF 没有从韧皮部卸载至周围薄壁细胞，而是被严格限制在韧皮部中，表明片红时期韧皮部筛管/伴胞和

周围薄壁细胞之间存在共质体隔离，同化物卸载采取质外体方式。在全红时期，荧光染料 CF 被限制在韧皮部内，没有卸出至周围薄壁细胞内，证明此时也存在共质体隔离，同化物采取质外体方式卸载。

（三）讨论

在叶片等绿色植物组织中合成同化物装载至植物韧皮部，经过长距离运输，到达库组织进行卸载。由于库组织类型众多，在结构和功能上存在着巨大的差异，因而也具有多种卸载方式，并且同一库组织在不同的发育阶段卸载方式也会发生相应改变。具体卸载途径包括质外体卸载、共质体卸载和二者交替转换的卸载途径。共质体卸载途径是同化物经过集流扩散等方式经过胞间连丝进行卸载的途径，不消耗能量、运输阻力小、运输速率快；质外体卸载途径需要载体参与，消耗额外能量、运输阻力大、运输速度慢。在一些植物中卸载途径转变是由库组织器官的结构决定的，如核桃；另外有些植物的库组织在发育过程中其功能发生了改变，相应的同化物卸载途径也发生了改变，如木薯块根以及马铃薯块茎在膨大前和膨大后卸载途径发生改变；此外，积累可溶性糖的库组织随着发育进程，同化物卸载途径也会发生转变，如葡萄果实、番茄果实。通过观察无花果果实的同化物卸载过程，笔者团队发现始红期前主要是共质体途径，始红期后卸载途径发生转变。结合可溶性糖含量后期的快速增长，笔者团队认为同化物共质体运输的动力来源于源库间溶质梯度所产生的压力差，随着无花果果实内糖分的积累，源库间的溶质梯度逐渐减小，共质体运输的动力随之减小，为了保证果实内同化物的继续积累，果实启动了质外体运输途径，因此在始红期后，果实内可溶性糖含量快速升高，无花果果实内引入的荧光物质就被限制在韧皮部内。

四、无花果果实注射方法的建立

在栽培过程中，无花果树体通常只有树干，且树干上没有分枝。叶片轮生，花芽在叶腋处分化，果实从下到上依次成熟。考虑到无花果树的生长条件和结实习惯，很难在同一株植物和同一位置上找到两个果实进行比较。如果使用不同果树上的两个果实，则光照、温度和湿度等环境条件将有所不同，并且不可避免地会出现不同植物之间的个体差异。而在无花果果实注射的过程中，如果从果孔注射，则整个果实的成熟都会受到影响，果实自身没有对照。经过大量的前期试验，笔者团队发现未离体的无花果果实，在被纵向切成两部分后可以继续生长，并且果实两侧的生长速度相同。尽管这种物理损伤对无花果具有一定程度的促进成熟作用，但是如果在果实具有稳定的物理和化学特性的时期进行处理，则两侧果实的成熟度可以保持不变，并最终在无花果树上成熟。同时，将果实从中间切开，切开后等待 3d，以稳定果实内部生理指标和应急反应，然后根据图 3-6A 所示分别注入上、中、下 3 个不同的位置，同时将另一半果实在相应位置注射对照试剂。这种处理方式可以使果实自身形成对照，消除了许多系统错误，研究结果会更加可信并且对比鲜明。

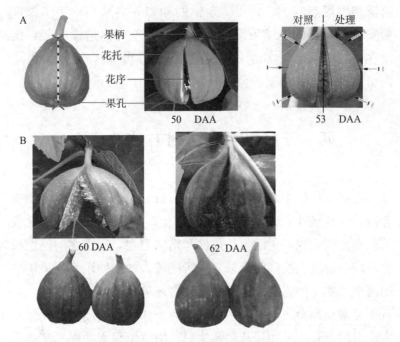

图 3 - 6 未离体的无花果果实从果柄到果孔被纵向切开的自身对照体系

A. 在花芽分化后 50d（50 DAA），将仍附着在植物上的褪绿果实从果柄至果孔处纵向切开；将处理一侧果实分别在上、中、下侧注射，另一侧果实用作对照；注射前，为了尽可能消除注射效果，切好的果实需在 3d 后进行注射，以稳定果实的胁迫响应

B. 未离体的由中间切开的果实两侧可以继续以相同的速度生长和成熟，由于机械损伤，果实两边的成熟均提前，但影响程度相同

具体方法

将未离体的无花果由果孔到果柄纵向切开，需要保证果实的两个部分完全分开，尤其要注意需将果柄完全切开，保证两

部分果实的主要维管束不互通。无花果果实经过这些处理后仍可正常发育至完全成熟，果实受到的物理伤害对左右两部分的成熟有相同的影响，两侧果实的成熟程度始终保持不变。同时，这种处理还可以使果实形成自身对比，从而排除了生长状态、环境和果实形态对研究结果的影响。如图 3-6 所示，从 3 个不同的位置将影响果实发育的物质注入果实；同时，另一半果实被注射对照样品。

五、植物激素 ABA 及乙烯对无花果果实发育的影响

植物激素通过植物自身代谢产生，是一种能产生明显生理效应的有机信号分子。植物激素的作用贯穿植物的一生，在果实发育和成熟的过程中，激素更是不可或缺。在各项研究中，植物激素 ABA 和乙烯在果实成熟中都起着重要的作用。

作为呼吸跃变型果实，无花果在成熟过程中，乙烯的调控作用不可小觑。乙烯是一种结构简单的小分子化合物，作为一种重要的气态植物激素，参与调节植物生长发育的多个过程（Woltering et al.，1988）。乙烯的合成途径在高等植物中为甲硫氨酸→S-腺苷甲硫氨酸（S-adenosyl-methionine，S-AdoMet）→1-氨基环丙烷-1-羧酸（1-aminocyclopropane-1-carboxylic acid，ACC）→乙烯。但与传统的呼吸跃变型果实不同的是，在无花果中，广泛作为乙烯受体的竞争性抑制剂1-甲基环丙烯（1-methylcyclopropene，1-MCP）无法将果

实的成熟延迟。

此外，有人提出 ABA 对呼吸跃变型和非呼吸跃变型果实的成熟均有调节作用。非呼吸跃变型果实在成熟期中，内源 ABA 水平在成熟前升高，然后下降。然而，在非呼吸跃变型果实中，ABA 水平从成熟前到完熟都在增加。无花果果实的内源 ABA 含量受动态平衡的影响，玉米黄质环氧化酶（ZEP）、9 - 顺式环氧类胡萝卜素双加氧酶（NCED）、短链醇脱氢酶（ABA2）和脱落醛氧化酶参与 ABA 的生物合成，而 ABA - 8'-羟基化酶（ABA8OX）和 ABA - 葡萄糖基转移酶参与 ABA 的分解代谢。

笔者团队也发现，在无花果果实的发育过程中，无花果果实的内源 ABA 含量在不断上升。通过药理学的实验对无花果果实进行 ABA、乙烯及其抑制剂的注射，研究植物激素含量对无花果果实的影响。在本实验中，ABA 和氟啶酮采用直接配制的方法，氟啶酮作为 ABA 抑制剂的机制为：通过抑制 ABA 的前体类胡萝卜素的合成，从而抑制 ABA 的合成并下调植物中 ABA 的含量。由于乙烯是气体小分子不便于实验操作，而乙烯利在各种植物学实验中常被用作乙烯的代替物，因此，我们使用乙烯利对果实进行注射。乙烯抑制剂——1 - MCP，是一环丙烯类化合物，为近年来发现的一种新型乙烯受体抑制剂，它能不可逆地作用于乙烯受体，从而阻断受体与乙烯的正常结合，抑制其所诱导的与果实后熟相关的一系列生理生化反应，但有关报道指出其无法抑制无花果果实的成熟；乙烯抑制剂——氨基乙氧基乙烯基甘氨酸（AVG），是乙烯直接前体——ACC 合成过程中 ACC 合成酶所需的磷酸吡哆醛（PLP）的竞争性抑制剂，近年来多被用作乙烯合成途径的抑制剂，因此，在本实验中我们使用了 AVG 作为乙烯的抑制剂。

（一）材料和方法

1. 溶液的配制

（1）ABA　$100\mu mol/L$ 母液，乙醇溶解；氟啶酮（Flu）：$200\mu mol/L$，乙醇溶解。

（2）乙烯利　$400\mu mol/L$，水溶解；AVG：$400\mu mol/L$，水溶解。

2. 果实注射　采用本实验室建立的无花果注射体系进行注射（参见本章 四、无花果果实注射方法的建立）。

（二）试验结果

经外源 ABA 处理的果实在 1 周后呈现片红的状态，而对照果实处于始红状态；ABA 抑制剂 Flu 处理的果实 2 周后仍保持大绿的状态，而对照果实已经达到了始红时期；乙烯处理的果实在 5d 后处理部分就已经达到片红时期，而对照部分保持大绿状态；乙烯抑制剂 AVG 处理的果实 12d 后保持大绿状态，对照果实部分达到片红时期（彩图 3-4）。虽然将果实切开后进行注射的处理方式会对果实产生约提前 3 周的催熟效果，但从和对照果实的对比观察以及生理指标的测定，发现植物激素乙烯和 ABA 对大绿时期（花芽分化 50d）的无花果果实有明显的促进成熟的作用，而它们的抑制剂 Flu 和 AVG 则有明显的抑制成熟的作用。

（三）讨论

乙烯在呼吸跃变型果实成熟过程中的正调控作用不容忽视，乙烯类似物乙烯利的处理也促进无花果果实的成熟。1－MCP 不可逆地与乙烯受体结合，在许多实验中经常被用作乙烯抑制剂，但先前的报道指出 1－MCP 不能抑制无花果果实的成熟。因此，笔者团队选择能够抑制无花果成熟的氨基乙氧基乙烯基甘氨酸（AVG）作为乙烯的抑制剂。AVG 是一种竞争性的磷酸吡哆醛（PLP）抑制剂，PLP 是 ACC 直接合成乙烯中 ACC 合成酶所必需的物质，AVG 最近一直被用作乙烯合成途径的抑制剂。

区分呼吸跃变型和非呼吸跃变型果实的经典理论正在被逐渐打破。其中，ABA 现象促进无花果果实成熟是非常重要的证据。在本实验中，外源 ABA 促进了果实的成熟过程，这与之前的报道一致，这种现象在其他植物中也得到了证实。实验中使用的 ABA 抑制剂氟啶酮可以抑制无花果的成熟。

实验结果表明，ABA 和乙烯利均可促进无花果果实的成熟。另一方面，ABA 抑制剂氟啶酮可以抑制无花果果实的成熟，而乙烯抑制剂 AVG 也可以。这种现象表明乙烯和 ABA 在果实成熟过程中都是重要的正调节剂。

六、与无花果果实成熟相关的转基因实验

目前，在植物学的研究中，多采用转基因的方式研究某些

基因的功能。可以通过上调和下调基因的表达量直观地判断基因表达量与植物表型现象的关系。农杆菌介导的瞬时转化技术具有快速便捷、可批量转化、成本低、效果佳等优点。其原理是将已插入目的基因的载体转化到农杆菌中，再将利用农杆菌配制的侵染缓冲液通过各种方法导入植物细胞并进行瞬时表达，整个过程只需要几天时间。具体步骤包括载体构建、农杆菌培养、侵染转化、瞬时表达。农杆菌介导的瞬时转化技术操作简单，可以使农杆菌与植物受体充分接触；转化产物容易分离，便于进行后续基因以及蛋白质水平上的分析；用完整植株进行转化，不仅能够提高转化效率，还有利于分析植物胁迫下，外源基因的表达模式。

首先对不同成熟阶段的无花果果实进行转录组测试，根据转录组数据进行分析，筛选出在无花果果实成熟过程中表达量差异显著的基因作为转基因实验的候选基因。

在实验中，笔者团队选择了 Gateway 技术对无花果果实成熟相关基因通过 RNA 干扰的方式进行表达量下调。Gateway 技术最早是 Invitrogen 公司根据 λ 噬菌体基因组和大肠杆菌基因组之间的位点专一性重组分子机制开发的一套分子克隆新技术，通过 BP 和 LR 反应进行重组载体的构建。BP 反应是将含有 att B 位点的目的基因片段的 PCR 产物连接到有 att P 位点的载体 DNA 分子上，使含有 att B 的目的基因插入含有 aat L 位点的载体中，形成重组质粒，称为入门载体。将构建好的入门载体与目的载体通过 LR 反应，使入门载体上的目的基因片段插入有 att R 位点的目的载体中，以达到基因的沉默或超表达。通过这样的方法可以有效避免传统构建载体的方法中，酶切、连接等各个步骤容易产生的问题，以提高实验的效率并降低成本。对突变体进行互补分析需要把一些大的基因组片段亚克隆进入植物表达载体。Gateway 载体构建技术中应用最为广泛的是基因沉默（RNAi）技术。除了基因沉默的作用之外，Gateway 技术还有对基因的超表达作用，可以诱导并过表达目的基因。传统的基因过表达技术有一些局限性，主要是过量表达的基因可能会导致植株死亡或掩盖目的基因的组织特异性。一些研究人员利用 Gateway 技术进行试验，在一定程度上规避了这种问题。除了基因的沉默和超表达之外，不同的研究需要使科研人员不断探索 Gateway 技术的作用，到目前为止，已开发出多种用途。目前，Gateway 技术构建的载体比较广泛地应用于基因的沉默及超表达，其他 Gateway 植物表达载体用于研究蛋白质亚细胞定位、带异位标签及蛋白质亲和纯化等。对突变体进行互补分析时也可以把一些较大的基因组片段亚克隆进入植物表达载体，一些 Gateway 目的载体也可以用于这方面的研究，除了启动子有部分不同外，用于该目的载体所具有的结构元件与用于组成型表达基因的目的载体所具有的结构元件类似。

在本研究中发现，乙烯和 ABA 是无花果果实成熟过程中的重要调控因素，笔者团队从乙烯和 ABA 的合成和信号转导两方面进行无花果果实的转基因实验。乙烯合成途径相对简单，其中的 ACC 合成酶（1 - aminocyclop ropane - 1 - carboxylic acid synthase，ACS）和 ACC 氧化酶（1 - aminocyclop ropane - 1 - carboxylic acid oxidase，ACO）是高等植物中乙烯生物合成途径的限速酶。ACC 合成酶基因编码表达的 1-氨基环丙烷-1-羧酸合成酶（ACS）作为乙烯合成过程中的关键酶，能够催化 S-腺苷蛋氨酸（S - adenosylmethionine，SAM）转化为乙烯直接前体 1-氨基环丙烷-1-羧酸（ACC）。ACC 氧化酶编码的 1-氨基环丙烷-1-羧酸氧化酶（ACO）是植物乙烯合成途径中的最后一个酶，催化 ACC 向乙烯转化。

　　ACC 合成酶基因家族已在拟南芥、番茄、绿豆、西葫芦、水稻、马铃薯和蝴蝶兰等植物上得到鉴定。在番茄（*Solanum lycopersicum*，同名 *Lycopersicon esculentum*）上克隆到从 *LeACS*1*A* 和 *B*，到 *LeACS*8 共 9 个 *ACS* 基因。*LeACS*1*A*、*LeACS*2、*LeACS*4 和 *LeACS*6 全部在成熟（mature）和完熟（ripening）的果实中转录，但具有不同的表达模式，而 *LeACS*1*B*、*LeACS*3、*LeACS*5 和 *LeACS*7 在果实组织中检测不到。这些基因对乙烯的反应也不同，乙烯可降低 *LeACS*1 和 *LeACS*6 mRNA 的累积，但可诱导 *LeACS*2 mRNA 表达。拟南芥基因组编码 12 个 *ACS* 类基因，但只表达 9 个真正的 *ACS* 基因。在整个生长和发育过程中，以及在各种胁迫条件下，所有成员都显示不同的时空表达模式。植物乙烯生物合成的最后步骤由 ACO 催化。植物 ACO 都由一个多基因家族编码。Hamilton 等首次鉴定编码 ACO1 蛋白（以前命名为乙烯形成酶）的基因，且反义沉默番茄植株的此基因可抑制乙烯产生，当使用 *ACO*1 转化酿酒酵母（*Saccharomyces cerevisiae*）后，它能够将 ACC 转化为乙烯。迄今为止，*ACO* 基因在番茄、苹果、桃、甜瓜和白车轴草等植物上得到鉴定。其中，拟南芥基因组编码 5 个 *ACO* 基因，番茄基因组编码 6 个 *ACO* 基因。

　　除了乙烯的相关基因，笔者也关注 ABA 合成及信号转导中的重要差异基因。*AAO* 是 ABA 合成途径最后一步的关键基因。目前 *AAO* 家族共发现 4 个 *AAO* 基因，命名为 *AAO*1 ～ 4。研究表明，在拟南芥中 *AtAAO*3 的突变导致 ABA 的缺乏。

通过测量 ABA 含量，得出 *AtAAO3* 对 ABA 合成有影响的结论。通过拟南芥单突变体、双突变体筛选的方式发现 *AtAAO3* 是拟南芥种子中 ABA 合成途径中的重要基因，而 *AtAAO1* 和 *AtAAO4* 则更多地在叶片中表达。

前人的研究结果已经证明，通过酵母双杂交及遗传筛选的方法，在模式植物拟南芥（*Arabidopsis thaliana*）中验证了 PYR/PYL/RCAR（Pyrabactin Resistance/Pyr1-Like/Regulatory Components of ABA Receptor）蛋白是 ABA 的受体。自从 PYR/PYL/RCAR 作为 ABA 的受体被发现后，PYR/PYL/RCAR 在各种 ABA 受体中是最被认可的 ABA 受体家族。拟南芥中 PYR/PYL/RCAR 家族有 14 个成员，命名为 PYR1 和 PYL1 ~ 13，且含有 START（STAR-RELATED LIPID-TRANSFER）特征区域，分布于细胞质及细胞核中。ABA 受体处于 ABA 信号传导的最上游，是最为重要的正调控因子，能识别 ABA 信号并开启 ABA 信号转导。在拟南芥实验中，使用突变植株筛选和酵母双杂交的方法，确定了 PYR/PYL/RACR 蛋白是 ABA 受体。

为了研究 ABA 和乙烯相关基因在无花果果实成熟过程中的作用，通过转录组数据分析无花果果实中成熟前后表达量具有显著差异的基因，笔者团队选择了 *FcACO2*、*FcACS1*、*FcETR1*、*FcETR2*、*FcAAO3*、*FcPYL8* 共 6 个基因分别从乙烯和 ABA 的合成及信号转导两方向对无花果果实进行瞬时转基因表达，通过 RNAi 技术对无花果果实中相关基因的表达量进行下调，通过表型对比和生理指标测定对这些基因的功能进行研究，判断其在无花果果实成熟过程中的作用（彩图 3-5）。此外，还通过原核表达技术对 FcPYL8 进行表达和纯化，之后通过 ITC（热等温滴定）、Western Blot（蛋白免疫印迹）实验对 FcPYL8 的受体功能进行验证。

（一）试验方法

1. 原核表达载体构建 选择 EcoR I 和 Not I 作为 pET28α 的酶切位点，进行 FcPYL8-pET28α 重组质粒的载体构建，采用无缝克隆连接体系，重组载体转化大肠杆菌 BL21。

2. 蛋白表达及纯化 挑取 FcPYL8 蛋白表达菌株到 50mL 管中，加入 5mL 液体 LB/Kan 培养基，在摇床中（37℃、220r/min）活化，待菌液浑浊后（时间视菌液新鲜程度而定），将菌液加至 500mL LB/Kan 培养基中，之后在摇床上继续摇，直到菌液 $OD_{600} = 0.6 \sim 0.8$，加入终浓度 $500\mu mol/L$ 的 IPTG 诱导（28℃、220r/min）6h；卡那霉素的终浓度为 $100\mu g/mL$；将诱导后的菌液离心收集（4℃、6 000r/min、5min），将菌体用 Banding Buffer 悬浮（15~20mL），放在冰上用超声波 400W 功率破碎，3s 工作时间 10s 冷却间隙时间，150 次循环，破碎液与 His-tag 磁珠混匀，放在冰盒中在 3D 摇床上摇晃结合 1h；在洗涤后洗脱 1.5mL；洗脱液用 BCA 法检测蛋白浓度，并用 SDS-PAGE 电泳检测目的蛋白纯度。

3. ITC 用 20mmol/L pH＝7.4 的 PBS 缓冲液配制 10 倍蛋白浓度的 ABA 溶液，以防出现稀释热；在 ITC 仪的样品池中加入 $280\mu L$ 的 FcPYL8 蛋白，参比池中加入 $280\mu L$ 的超纯水，滴定注射器里吸入 $40\mu L$ 的 ABA 溶液；设定反应参数：温度 30℃，DP 值 6，搅拌器转速为 750r/min，滴定次数为 20 次，第一次滴入体积为 $0.5\mu L$，之后每次滴入体积为 $2\mu L$，共

20次滴入；使用GE公司提供的Origin软件进行数据处理分析。

4. Western Blot 整个电转系统冰上预冷，将硝酸纤维素膜用甲醇激活。按照负极→正极（海绵→滤纸→胶→膜→滤纸→海绵）的顺序夹好，注意硝酸纤维素膜与蛋白胶之间不能有气泡。将湿转电泳槽放置于冰上，在100V下转膜40min；取10mL PBS缓冲液将电转后的硝酸纤维素膜清洗1遍；将清洗后的硝酸纤维素膜浸没到10mL 5%的脱脂奶粉溶液中，在室温条件下在脱色摇床上轻摇5min左右（此步骤用于封闭硝酸纤维素膜）；倒掉脱脂奶粉溶液，加入10mL的PBS-T，置于脱色摇床上120r/min漂洗3min左右，重复3次；将抗His标签的一抗与PBS缓冲液按1∶10 000的体积比混合，配制10mL的一抗抗体稀释液；将混合液加到漂洗干净的硝酸纤维素膜上，置脱色摇床上室温孵育2h左右；弃去抗体稀释液，加入10mL的PBS-T，置于脱色摇床上120r/min漂洗5min左右，重复5次；将带有HRP标签的二抗与PBS-T按1∶5 000的体积比混合，配制10mL的二抗抗体稀释液；将混合液加到漂洗干净的硝酸纤维素膜上，置脱色摇床上室温孵育1h左右；DAB显色：将试剂A和试剂B和水以1∶1∶18的体积比混合，滴加在印迹膜上，1~5min即可显色。显色完毕后，将膜浸入水中终止反应。拍照保存。

5. Gateway载体构建 BP反应：以FcPYL8-T1-Simple质粒为模板，FcPYL8-gateway-F和FcPYL8-gateway-R为上下游引物，使用Q5高保真酶，通过PCR、胶回收，获得att B-FcPYL8 PCR产物。BP反应使用Gateway® BP Clonase™ II Enzyme Mix试剂盒。取0.2mL离心管，在室温下先加入att

B-FcPYL8 PCR 产物和 pDONRTM 221 质粒，加超纯水至 10μL，混匀，然后将 BP Clonase™ II Enzyme Mix 在冰上放置 2min，涡旋 2 次，每次 2s，在混匀的样品中加入 2μL BP Clonase™ II Enzyme Mix，将反应物涡旋两次以使其混匀，再用微量离心机将挂壁的反应物离心下来。反应体系在 25℃ 条件下孵育 1h，然后再加入 1μL 蛋白 K 涡旋混匀，并在 37℃ 水浴锅中孵育 10min，使反应体系中的酶失活终止反应。将 10μL BP 反应产物加至半融化状态的 100μL *E. coli* Trans-T1 大肠杆菌感受态细胞中，轻弹混匀，冰上孵育 30min，42℃ 热激 60s，加入 400μL LB 培养基，37℃，180r/min 振荡培养 1h，取 100μL 涂布在 LB（Kan 100μg/mL）固体平板上；在 37℃ 恒温培养箱中培养 16~20h，长出单菌落之后，挑取平板上的单菌落，进行菌落 PCR 鉴定，测序正确之后提取质粒为 LR 反应做准备。

6. LR 反应 LR 反应使用 Gateway™ LR Clonase™ II Enzyme Mix 试剂盒。取 0.2mL 离心管，在室温下加入 Entry clone 和 FcPYL8-pDONRTM 221 质粒，再加入超纯水至 10μL，混匀；然后将 LR Clonase™ II Enzyme Mix 在冰上放置 2min，涡旋 2 次，每次涡旋 2s，在以上混匀的样品中加入 2 μL LR Clonase™ II Enzyme Mix，将反应物涡旋 2 次使其混匀，再用微量离心机将挂壁的反应物离心下来。反应体系在 25℃ 条件下孵育 2h，然后再加入 1μL 蛋白 K 涡旋混匀，并在 37℃ 水浴锅中孵育 10min，使反应体系中的酶失活终止反应。将 10μL LR 反应产物加至半融化状态的 100μL *E. coli* Trans-T1 大肠杆菌感受态细胞中，轻弹混匀，放在冰上孵育 30min，42℃ 热激 60s，加入 400μL LB 培养基，37℃，180r/min 振荡培养

1h；取 $100\mu L$ 涂布在 LB（Spe $100\mu g/mL$）固体平板上；在 37℃恒温培养箱中培养 16～20h，长出单菌落之后，挑取平板上的单菌落，进行菌落 PCR 鉴定，测序正确之后提取质粒进行农杆菌转化。

7. **果实瞬时转基因方法** 活化带有重组质粒的农杆菌至 $OD_{600}=0.6\sim0.8$，注射方式同上。

（二）试验结果

通过蛋白原核表达的方式，笔者团队对无花果果实中 ABA 受体 FcPYL8 进行了体外表达及纯化，得到的纯化后的蛋白通过 Western Bolt 和 ITC 技术进行蛋白功能的验证，确定其为 ABA 的受体蛋白（图 3 - 7）。验证了 FcPYL8 的功能之后，笔者团队使用农杆菌介导转化系统将重组的 Gateway 质粒于无花果果实大绿时期进行注射，得到了 *FcPYL8* RNAi 的转基因果实，同时对照组注射含有空载体的农杆菌菌液（彩图 3 - 6A）。2 周后，转基因成功的果实部分仍保持在大绿时期，但对照部分已经到达片红时期。除了调控 ABA 的受体（PYL8），还可以通过阻断 ABA 的合成途径来调控果实发育。*AAO3* 是 ABA 合成途径最后一步的关键酶的合成基因。但是在本实验中，笔者团队发现了一种特殊的现象。首先要指出的是，由于无花果的基因组尚未发布，笔者团队克隆了 *AtAAO3* 的一部分同源物，称为 *FcAAO3*。在荧光定量 PCR 结果中，*FcAAO3* 的表达水平为早期非常高，而在褪绿时期快速下降，之后一直保持在很低的水平，因此笔者团队也在大约花序分化 30d 时对果实进行了 RNAi 处理。可以

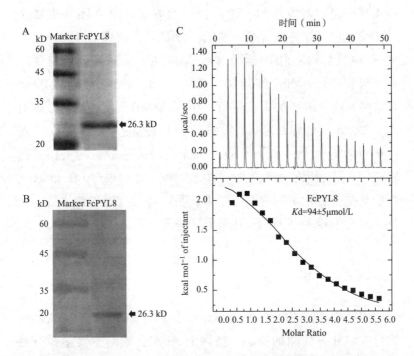

图 3 - 7　FcPYL8 蛋白的纯化、鉴定和结合活性

A. 26.3kDa 重组 FcPYL8 蛋白的纯化。B. 重组 FcPYL8 的免疫印迹鉴定

C. 使用等温滴定量热法测量 ABA 和纯化的 FcPYL8 蛋白之间的结合能力

清楚地观察到，20d 后，处理的果实部分处于大绿时期，而
对照的果实部分已经达到片红时期（彩图 3 - 6D）。然而，当
在花芽分化后 50d 处理该果实时，如果 *FcAAO3* 被抑制，此
时其表达水平将降低至相当于褪绿时期的水平，则无花果果
实的成熟被促进，5d 后处理的一半果实已经达到片红时期，
对照的一半果实则处于始红期（彩图 3 - 6B），因此笔者团队
得出结论，*FcAAO3* 在大绿时期后对无花果果实的成熟起负
调控作用，而在此之前调控作用相反，即小绿和大绿时期

FcAAO3 起正调控作用。通过相同的方法，笔者团队克隆了 *AtACO2* 的一部分同源物，称为 *FcACO2*。处理后 12d，对表型进行拍照，处理的一半果实仍保持在大绿时期，但对照的一半果实已经达到全红时期（彩图 3 - 6C）。此外笔者团队还对这些处理及对照的果实进行了生理指标的测定，通过数据对比了 3 种不同处理和对照果实的成熟度（彩图 3 - 6E 至 G）。对转基因果实通过载体自带 RFP 荧光基因表达的荧光蛋白进行验证后，显示果实中确实存在重组质粒，之后通过 RT-PCR 进行相关基因表达量的检测，结果表明，转入重组质粒之后，无花果果实内相关基因的表达量确实有所下降。

（三）讨论

无花果果实的内源 ABA 含量由多个因素决定，主要受其生物合成和分解代谢的影响。植物中 ABA 合成的主要途径有两种，直接途径（类固醇途径）和间接途径（类胡萝卜素途径）。类胡萝卜素途径是高等植物 ABA 合成的主要途径。玉米黄质环氧酶（ZEP），9-顺式环氧类胡萝卜素双加氧酶（NCED），短链醇脱氢酶（ABA2）和脱落酸氧化酶（AAO）催化该途径中的一些重要反应，而 ABA - 8′-羟化酶（ABA8OX）和 ABA - 葡萄糖基转移酶参与 ABA 的分解代谢和失活。无花果的果实是一种独特的闭合花序隐身结构。这种闭合花序产生聚集果实，由小花和小核果组成，变态的肉质小花和种子被包裹在果皮和花序轴内，ABA 生物合成的最后一步需要催化 AAO。据报道，*AAO3* 是种子 ABA 积累的关键基因，因此，ABA 在种子中的合成积累可能是促进无花果果实成熟的重要因素。

高等植物中 ABA 的信号转导应该是一个非常复杂的过程。根据先前的研究，通过酵母双杂交和遗传筛选在模型植物拟南芥中验证了 PYR/PYL/RCAR。目前，PYR/PYL/RCAR 是各种 ABA 受体中最公认的 ABA 受体家族，它是 ABA 信号转导过程中最重要的调节因子之一，这一结论也已在其他物种中得到验证。

乙烯合成是一个相对简单的生物过程。众所周知，编码 ACC 氧化酶的 1-氨基环丙烷-1-羧酸氧化酶（ACO）是植物乙烯合成途径中的最后一种酶，催化 ACC 向乙烯的转化。它是乙烯合成的关键基因。植物 ACO 由多基因家族编码。在包括番茄、苹果、甜瓜等植物中鉴定了 ACO 基因。除了 FcACO2，乙烯其他相关基因在本次预实验中都没有对植株产生明显的表型影响。

为了在无花果成熟调控机制的遗传水平上找到证据，笔者团队首先对无花果果实进行了瞬时转基因处理。克隆了用于 ABA 合成和信号转导的 FcAAO3 和 FcPYL8 以及乙烯合成基因 FcACO2，并使用 Gateway 技术在这 3 个成熟的调控基因中通过 RNAi 技术下调了这些基因的表达。结果表明，在花芽分化后 50d 下调 FcACO2 和 FcPYL8 基因可抑制果实成熟（彩图 3-6），而在花芽分化后 30d 时，下调 FcAAO3 会抑制无花果果实的成熟，在 50d 时却可以促进无花果果实的成熟。

通过实验结果，笔者团队可以判断乙烯和 ABA 在无花果果实的成熟过程中都起到了重要的正调控作用；它们也可能通过相互作用而同时对无花果果实的成熟造成影响，但在转基因实验中，笔者团队观察到的最为特别的结果在于 ABA 在种子

中的合成基因 *FcAAO3*，它在花芽分化后 30d 和 50d 下调表达量后具有不同的效果，这让笔者团队注意到无花果果实成熟与其种子之间的关系。由于无花果果实隐头花序的特殊性，无花果果实内部含有大量的种子，可以认为种子对无花果果实的成熟有很重要的作用。由于供试果树马斯义·陶芬无花果是一种单性结实的无花果栽培品种，它内部的小花均为雌性且都有子房和种子，通过切片观察发现，在大绿时期种子内部的胚已经开始萎缩，且在褪绿时期萎缩完全，直至完全成熟。胚的未完全萎缩时间和 *FcAAO3* 的表达量趋势相同，在胚完全萎缩的褪绿时期，*FcAAO3* 的表达量也降至很低，而此后 ABA 受体基因 *FcPYL8* 和乙烯合成基因 *FcACO2* 的大量表达也让笔者团队更加关注无花果果实成熟过程中植物激素 ABA 和乙烯的关系。

七、无花果果实成熟过程中 ABA 和乙烯的关系

在无花果果实成熟过程中植物激素 ABA 和乙烯及其相关基因的研究中，笔者团队对这两种激素的相互作用及关系有了新的认识和猜想。值得注意的是，最近的一份报告指出 ABA 通过促进乙烯的产生来调节无花果果实的成熟，特别是发现了乙烯在花序中的作用以及 ABA 在果皮中的作用，这提示了生殖和非生殖部分的独特机制。近年来，作为非呼吸跃变型模型，草莓果实的成熟研究已经取得了很大进展，该模型由 ABA 及其核心信号 ABA-FaPYR1-FaPP2C-FaSnRK2 级联控制。ABA 除在非呼吸跃变型果实中起关键作用外，其在诸如

番茄等呼吸跃变型果实的成熟中也起作用，如桃、苹果、梨。有报道使用 ABA 缺陷型的 *notabilis/flacca*（*not/flc*）番茄双突变体证明 ABA 能刺激细胞扩大并增加果实大小。S1PP2C1（a group A type 2C protein phosphatase）负调控 ABA 信号传导和番茄果实成熟。番茄的 12 个 PYR/PYL/RCAR ABA 受体，SlPYL1、2、4、5、7 至 11 和 13 是 ABA 依赖的受体，其中 SlPYL9 在调控 ABA 的过程中发挥作用，促进番茄果实成熟。总而言之，ABA 是一种常见的信号分子，可调节呼吸跃变型和非呼吸跃变型果实的许多过程；发现包括呼吸跃变型和非呼吸跃变型果实在内的物种，其果实发育和成熟过程中代谢过程的动力学变化是保守的。

笔者团队希望通过药理学的实验研究无花果果实成熟过程中 ABA 和乙烯两种激素的含量对果实成熟的影响，并由此推断无花果果实成熟过程中 ABA 和乙烯的关系。

（一）试验方法

1. **ABA、乙烯及其抑制剂的配制**　参见本章五、植物激素 ABA 及乙烯对无花果果实发育的影响。

2. **注射方式**　参见本章四、无花果果实注射方法的建立。

（二）试验结果

通过前期的实验，笔者团队发现 ABA 和乙烯在无花果果实的成熟过程中都起着重要作用，但是它们之间的关系需要进一步的实验证明。因此，笔者团队对果实进行了两次处理。第一次，笔者团队将 AVG 注入对照和处理果实部分中，以抑制乙烯合成，从而降低乙烯含量。1 周后，向处理的一半果实中注射 ABA，对照的一半果实注射 ABA 的溶剂乙醇。10d 后通过表型观察，处理的一半果实达到了片红阶段，但对照的一半果实仍处于大绿阶段。另一方面，笔者团队首先通过注射 Flu 来抑制 ABA，1 周后，向处理的一半果实再注射乙烯利，向对照组注射水。最终表型显示，处理和对照的果实都处于大绿时期（彩图 3-7）。因此，笔者团队得出以下关系模式的结论（图 3-8）。

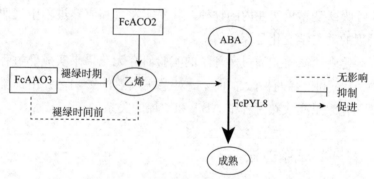

图 3-8　乙烯-ABA 在无花果果实成熟调控中相互作用的模型

（三）讨论

为了研究 ABA 与乙烯的特异性关系，笔者团队首先用氟啶酮抑制了 ABA 的合成途径，然后再应用乙烯，发现果实的成熟被延迟或未成熟。相反，乙烯的合成途径被 AVG 抑制后，再应用 ABA 后果实仍然成熟。因此，笔者团队认为 ABA 的作用在乙烯的上游（图 3-8），这与先前的报道一致。

研究表明，ABA 在乙烯的上游起作用。外源 ABA 可以促进乙烯的释放，促进 ACS 和 ACO 的表达，并上调乙烯的合成。从褪绿时期（DG）开始，乙烯的含量开始随着 ABA 受体 FcPYL8 的高表达水平而迅速增加。在片红时期，乙烯含量达到峰值，此后开始下降，并下降到全红时期的峰值的 50％左右，但 ABA 含量仍上升到峰值，笔者团队认为是 ABA 起作用并增加了从褪绿时期到片红时期的乙烯含量，当乙烯含量降低时，ABA 不再起作用，因此保持较高水平。

八、乙烯以 ABA 依赖方式调节无花果果实的成熟

无花果是一种特殊的肉质果实。在整个发育和成熟过程中，只有在小绿时期出现了子房膨大的现象，之后子房不再膨大且种子内部的胚萎缩，但是最终这种单性结实的果实依然可以在胚萎缩的情况下完成成熟。无花果的果实属于隐头花序，与其他由花序发育成的果实不同，无花果果实在顶端具有一个开放的果孔，完熟时果孔处会有含糖量极高的果汁从果孔处流出，这导致成熟的无花果极易吸引昆虫，加速果实腐烂。总而言之，无花果由特殊的隐头花序发育而成，植株及未成熟的果实中具有丰富的乳汁，具有果孔的结构，且具有单性结实的特性，这些特点共同证明了无花果是一种特殊的肉质果。

在多项研究的结果中，已经揭示了 ABA -乙烯的协同作用在呼吸跃变型和非呼吸跃变型果实的成熟调控机制中都不可忽视。但是，无花果的果实成熟特性表现出兼具呼吸跃变型和非呼吸跃变型的双重特征。尽管在先前的研究中已经很好地

描述了 ABA 和乙烯对无花果果实成熟的调控，但缺乏遗传证据。

本研究证明了在 DG 时期下调 *FcAAO3* 促进了成熟，而在 LG 阶段下调该基因抑制了成熟，表明 ABA 在成熟中的作用与果实发育阶段有关。在 DG 阶段之前，*FcAAO3*-RNAi 果实中仍保留了乙烯的自动抑制作用，从而抑制了成熟。在 DG 阶段之后，干扰 *FcAAO3* 的表达会导致乙烯的自动催化生成，从而导致乙烯含量升高，并加速 *FcAAO3*-RNAi 果实的成熟。因此，在某种程度上，自催化乙烯可能会控制 ABA 的产生。同样的，*FcACO2* 的下调可能同时抑制乙烯的产生和 ABA 的积累，导致延迟成熟，表明乙烯在成熟中起着至关重要的作用。同样，ABA 处理能恢复 AVG 抑制的果实成熟，而乙烯处理未能恢复氟啶酮抑制的果实成熟，表明乙烯以 ABA 依赖方式调节成熟。根据本课题组之前的成果共同分析，无花果果实的成熟具有以下特征：①无花果的成熟受乙烯调控表现出了呼吸跃变型的特征；②无花果的成熟具有受 ABA 调控的非呼吸跃变型特征；③乙烯调控 ABA 诱导的成熟；④乙烯-ABA 的协同作用在无花果果实成熟调控机制中起了关键作用；⑤ABA 在果实成熟过程中的调控作用与发育阶段有关。

此外，尽管 *FcETR1/2*-RNAi 果实中的乙烯信号传导可能减弱，但该果实中仍保留正常的自催化乙烯产量，这表明乙烯感知和/或乙烯产量的反馈调节功能存在冗余，最终导致缺乏乙烯转基因果实中表型的变化。该结果与先前的发现一致，即无花果果实的成熟不受乙烯受体抑制剂 1-MCP 的抑制。与 ABA 和乙烯水平和/或信号传导相关的基因之间的串扰应在将来进行研究。将来，鉴定与 ABA 和乙烯水平和/或信号传导相关的基因表达仍然是一项重要的工作。

九、无花果 "溢糖" 现象

无花果成熟时有一种特殊现象：黏性含糖液体流出，果实内部高度软化，肉质小花的结构不再完好无损，细胞壁破裂，果皮逐渐破裂，果实内部组织和细胞结构不完整。为了验证含糖液体流出是由肉质小花的破裂造成的，我们使用扫描电子显微镜观察了成熟的小花，发现它们不再完整；即使从中间将果实切开，果实依然可以发育至完熟甚至腐烂，但由于含糖液体在小花表面会被风干形成"膜"，使破损的小花表面没有可以让汁液流出的缝隙，这样在果实的内部就没有"溢糖"现象。

（一）材料与方法

1. **试材选取**　试验于 2017 年夏季，在北京农学院东大地 6 号温室进行。该温室常年可提供无花果试材（室温环境 22～25℃，相对湿度 50%～80%，光照时间 10h/d），试验条件稳定。选取 3 年生马斯义·陶芬无花果用于试验。果树生长发育良好，果实产量高。石蜡切片的试材选取发育 30、50、70、75、77、80d 果实的小花，体式显微镜和扫描电子显微镜试材选取发育 80d 的成熟的无花果的小花。

2. **试验方法**

（1）可溶性糖含量　取发育 80d 出现"溢糖"现象的无花果果实，收集其果实内部流出的汁液，同时取花芽分化后 77d

及 80d 的小花和果实。小花和果实经干燥和粉碎后溶解于纯水中，之后进行脱色并稀释定容至 50mL。"溢糖"汁液直接收集，使用脱色柱进行脱色后稀释。使用高效液相色谱仪（agilent 1220，美国）对样品进行葡萄糖、蔗糖、果糖含量的测定。试验重复 3 次。

（2）石蜡切片观察 分别取发育 30、50、70、75、77、80d 果实的小花，离体后立即浸入 F. A. A 固定液中，置于冰上带回实验室。使用浓度分别为 30%、50%、70%、85%、100% 的乙醇进行脱水，样品使用二甲苯、乙醇的等比例溶液以及二甲苯依次浸泡进行透明处理，使用二甲苯、石蜡的等比例溶液以及纯石蜡依次进行浸蜡处理，48h 后进行石蜡包埋。待蜡块完全凝固且硬度适宜时，进行切片，切片在染色后使用正置荧光显微镜（Olympus SZ2 ILST，日本）进行观察并拍照。试验重复 3 次。

（3）体式显微镜观察 取发育 80d 果实的小花，置于冰上带回实验室，立即在体式显微镜（ZEISS-Axiocam 506 color，德国）下对样品的表面形态进行观察并拍照。试验重复 3 次。

（4）扫描电子显微镜观察 取发育 80d 果实的小花，离体后立即浸入戊二醛固定液（电镜专用），置于冰上带回实验室。经梯度乙醇脱水后，使用叔丁醇升华的方法进行冷冻干燥，喷金之后进行扫描电镜（TESCAN5136，捷克斯洛伐克）镜检并拍照。试验重复 3 次。

（二）结果与分析

1. 无花果果实具有"溢糖"现象
无花果果实在发育至

80d 时可以达到充分成熟，此时果实高度软化，且在果实内部的小花上会有糖液溢出（彩图 3-8）。"溢糖"黏液的蔗糖含量为 6.59mg/g（FW），果糖含量为 93.90mg/g（FW），葡萄糖含量为 95.48mg/g（FW）；花芽分化后 77d 时，果实中的蔗糖含量为 5.89mg/g（FW），果糖含量为 59.94mg/g（FW），葡萄糖含量为 62.48mg/g（FW），小花的蔗糖含量为 6.05mg/g（FW），果糖含量为 65.70mg/g（FW），葡萄糖含量为 67.31mg/g（FW）；花芽分化后 80d 时，果实中蔗糖含量为 6.23mg/g（FW），果糖含量为 66.13mg/g（FW），葡萄糖含量为 68.39mg/g（FW），小花的蔗糖含量为 6.32mg/g（FW），果糖含量为 70.12mg/g（FW），葡萄糖含量为 72.41mg/g（FW）。以上结果表明，无花果果实溢出的糖液含糖量比"溢糖"前后的小花和果实中可溶性糖含量显著增加，并且无花果主要积累葡萄糖和果糖，蔗糖积累量极低。

2. 无花果小花的发育过程 无花果果实的"溢糖"现象发生在果实内部，由于果实内部被小花填充，因此，需要观察小花形态结构的动态变化，以揭示无花果果实"溢糖"现象的成因。通过观察发育 30、50、70、75、77、80d 的无花果小花的显微结构可以发现，无花果小花的形态在 75d 之前都保持完整，且细胞排列致密；接近成熟的发育 75~77d 的无花果的小花的细胞排列开始松散；到 80d 果实充分成熟时出现"溢糖"现象，此期小花形态不再完整，细胞排列不再致密，部分细胞壁缺失，细胞间出现明显的间隙。

3. 充分成熟期无花果小花的表面形态 取发育至 80d 达到充分成熟的无花果果实，即在出现"溢糖"现象后，通过体式显微镜观察小花，并通过扫描电镜进行进一步的表面形态观察。此时的小花细胞形态不再完整且呈现透明的状态，表皮细胞大量降解，结构极度松散（彩图 3-8）。

（三）讨论

本试验研究结果表明，无花果果实在完熟过程中，由于细胞壁的降解，果实高度软化。由于果实糖分的积累，小花膨胀、破裂，内部有高含糖量的黏稠汁液溢出，称为"溢糖"现象。在"溢糖"现象发生的时期，果实内部小花呈半透明状态，在体式显微镜下可以观察到表面有黏稠的糖液。小花的细胞排列状态由初始的紧密变为极其松散，细胞间隙大，部分细胞壁降解。通过扫描电镜可以观察到小花的表面不完整，几乎不存在表皮细胞。由此笔者团队推断，无花果果实在完熟时期，由于细胞的衰老，小花形态不再完整，从而导致无花果"溢糖"现象发生。

无花果果实由开始成熟到完熟，时间非常短，而且后熟现象不明显。这导致无花果只能在树上完成成熟，而成熟前采摘下的无花果其成熟进程将完全终止，不再进一步成熟。但是无花果完熟时果实高度软化，且极易腐败，这严重制约了鲜食无花果的产业发展。根据本试验的研究结果，"溢糖"现象的发生取决于小花的形态结构变化，且伴随着果实的高度软化，质外体卸载的糖不再进入细胞而直接"溢糖"。在果实的可溶性糖含量和耐贮运程度找到一个平衡点是产业发展重要的指标。未来，揭示成熟期小花细胞破损的基因表达调控机制具有重要的理论和应用意义。

第四章

无花果产业发展现状及问题

果实一般可分为真果和假果，真果由子房膨大发育形成，如桃、李和杏等，食用部分主要是子房；假果由子房及花托和花萼等花的其他部分一起发育形成，如苹果、草莓和菠萝等，食用部分主要是花托。值得关注的是，无花果果实的花托及全部花器官可整体食用。因此，无花果果实营养价值极高。

无花果果实不耐储运，因此，无花果果实加工及保鲜新技术研究与开发是无花果未来可持续发展的关键环节。目前，无花果果实的加工产品主要包括果干、果脯、果酱、果汁、果粉、果酒、保健饮料和口服液等。最近，笔者团队研究发现，无花果成龄叶可以制作清香的上等绿茶，参考工序为：在 60～80℃旋转加工条件下，杀青 20min 变软，而后取出进行揉捻，再回炉烘干 20～40min，脱水至绿中泛黄即可。由于无花果叶中含有丰富的营养、保健及药用成分，因此，茶叶发展可能是推动无花果产业发展的重要环节。另外，笔者团队初步试验，原汁原味的无花果罐头也是一种简便、适宜推广的加工品。

目前，贮藏保鲜技术主要有冷藏、1-甲基环丙烯（1-MCP）处理、气调贮藏、二氧化硫处理、二氧化氯处理等。无花果适宜的冷藏温度为－2～4℃，在 0℃条件下能达到很好的保鲜期。冰点冷藏可能是无花果果实保鲜发展的新方向。另外，100mg/L 醋酸处理后 2℃冷藏也是简易有效的保鲜方法。

一、我国无花果发展存在的问题及对策

我国无花果发展虽然取得显著的进展，但也存在突出的问题。找到关键问题并提出有效解决方案，已成为我国无花果未来可持续发展的工作重点。

（1）目前我国无花果以零星栽培为主，集约化程度低；市场上无花果仍然稀少，市民对无花果认识度低。由于无花果具有极高的营养、保健及药用价值，有望成为我国乃至世界位居前列的保健水果。因此，目前应利用新闻媒体及物联网技术，加大无花果的宣传力度，加快无花果商业文化传播，提高人们对无花果认识和接受程度，具有重要的意义。

（2）一方面，无花果虽属于呼吸跃变型果实，但又不同于具有后熟现象的香蕉和番茄等典型呼吸跃变型果实，即绿熟期采摘后经过后熟可达到食用成熟度；另一方面，无花果又具有非呼吸跃变型果实的成熟特点，即无花果果实后熟现象不明显，只有在树上达到可食成熟度才能采摘，但采后迅速衰老；又由于成熟的无花果在果顶端裂一小圆口，不仅易裂果，还易遭受病虫危害，这些因素导致无花果极不耐储运。果实不耐储运是限制无花果发展的一大难题。因此，未来加大无花果成熟及衰老理论基础研究，开发出适合无花果加工、果实成熟调控及贮藏保鲜技术，是无花果产业可持续发展的关键所在。

（3）目前我国无花果育种工作刚刚起步，栽培品种全部为国外引入，缺乏自主品种。因此，组建无花果资源圃和优良苗木繁育基地，加快建立无花果育种技术、组织培养快繁技术和遗传转化体系，培育一批具有自主知识产权的品种及优良株系，打造我国"妃格"无花果品牌，是提升我国无花果产业可持续发展及国际竞争力的根本途径。

（4）目前我国无花果栽培模式单一。设施果品可以在元旦、春节上市，经济效益是露地的几倍乃至十几倍。无花果虽然不耐储运，但无花果持续结果能力强。利用这一特点，开发无花果新的栽培模式可以达到事半功倍的效果。目前笔者团队研究发现，在北京地区设施栽培条件下，无花果抗旱，耐瘠薄，没有严重病虫害发生，无须用药，是生产有机高端果品的珍贵树种。未来，通过夏季平茬抑制无花果夏季生长，通过加温温室促进无花果冬春季丰产上市，不仅效益高，而且冬春季自然冷链能使果实达到很好的储运保鲜条件。

二、无花果加工及保鲜

由于无花果的营养价值高，品种新奇，市场上基本没有充分成熟的产品销售，因此，非常受消费者的欢迎，每千克出售价格不低于 60 元，特别是在 2017 年京张优质农产品推介会北京市延庆区的会场，无花果成为大会的亮点，遭到了市民的"抢购"，成为北京万果生态农业发展有限公司的招牌产品。由于无花果的保鲜问题还需要进一步解决，无花果如要广泛上市还需要更好地解决保鲜、延长货架期、保证商品质量等问题，无花果果实的加工产品及其他加工产品也可以作为无花果种植者的另一经济效益来源。

目前，对无花果加工产品的研发和推广工作还在不断进行。无花果果汁具有较强的抗氧化能力。同时，在一定的浓度范围内，随着无花果果汁浓度增加，其 DPPH、羟基自由基的清除能力和总还原能力也随之增强，并呈现出显著的剂量效应关系。无花果营养价值很高，制作成果脯，风味可口。无花果果实制作果脯历史悠久，通过选果、洗果→削果蒂、纵剖→热烫→漂洗→多次糖煮浸渍→晾晒或烘干→内包装、真空封口→杀菌→冷却→外包装→成品的步骤，可以制作为低糖果脯。无花果果汁、果酒、果醋等饮料的加工技术也在不断完善，产品的营养价值也在不断检测确认，果实膨化脆片等加工产品也在不断开发。

笔者团队联合威海长寿健康食品有限公司已研发出无花果罐头、冻干果及无花果叶茶加工样品（彩图 4-1 至彩图 4-3）。

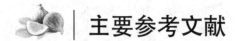

主要参考文献

陈霞，2009. 无花果多糖的摄取及其对鲫鱼非特异性免疫功能影响的研究
　　［D］. 雅安：四川农业大学.

李春丽，侯柄竹，张晓燕，等，2016. 无花果果实韧皮部卸载路径由共质体
　　向质外体途径转变［J］. 科学通报，61（8）：835-843.

李春丽，沈元月，2016. 无花果果实发育过程中 ABA 和乙烯含量与果实成
　　熟的关系［J］. 中国农业大学学报，21（11）：51-56.

廖亚军，张卿，沈元月，2018. 设施无花果周年生产关键技术［J］. 园艺学
　　报，45（12）：2437-2441.

乔菡，左兰馨，沈元月，2020. 无花果隐头花序成熟期"糖溢化"的形态学
　　观测［J］. 北京农学院学报，35（4）：53-56.

张涵，乔菡，廖亚军，等，2019. ABA 及其抑制剂对无花果果实成熟的影响
　　［J］. 北京农学院学报，34（3）：42-45.

邹黎明，1996. 无花果营养特性及其利用的研究［D］. 广州：华南理工大学.

Chai，Y. M.，Jia，H. F.，Li，C. L.，et al.，2011. FaPYR1 is involved in
　　strawberry fruit ripening［J］. J Exp Bot，62，5079-5089.

Guo J，Wang S，Yu X，et al.，2018. Polyamines Regulate Strawberry Fruit
　　Ripening by Abscisic Acid，Auxin，and Ethylene［J］. Plant Physiol，177：
　　339-351.

Hou BZ，Li CL，Han YY，et al.，2018. Characterization of the hot pepper
　　(*Capsicum frutescens*) fruit ripening regulated by ethylene and ABA［J］
　　. BMC Plant Biol，18：162.

Jia，H. -F.，Chai，Y. -M.，Li，C. -L.，et al.，2011. Abscisic Acid Plays
　　an Important Role in the Regulation of Strawberry Fruit Ripening［J］. Plant

Physiology，157，188-199.

Li，C.，Jia，H.，Chai，Y.，et al.，2011. Abscisic acid perception and signaling transduction in strawberry：a model for non-climacteric fruit ripening [J]. Plant Signal Behav，6，1950-1953.

Qiao，H.，Zhang，H.，Wang，Z.，et al.，2021. Fig fruit ripening is regulated by the interaction between ethylene and abscisic acid [J]. Journal of Integrative Plant Biology，63（3），553-569.

Zhang Ling-Yun，Peng Yi-Ben，Pelleschi-Travier Sandrine，et al.，2004. Evidence for apoplasmic phloem unloading in developing apple fruit [J]. Plant Physiology，135（1）：574-586.

彩图 1-1　马斯义·陶芬无花果果实及植株

彩图 1-2　青皮无花果果实及植株

彩图 1-3　金傲芬无花果果实及植株

彩图 1-4 波姬红无花果果实及植株

彩图 1-5 B110 无花果果实及植株

彩图 1-6 中农寒优无花果果实及植株

彩图 1-7 A42 无花果果实及植株

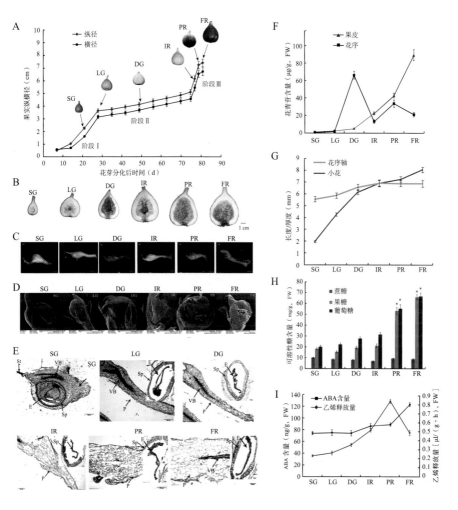

彩图 3-1　无花果果实发育过程中的形态和生理变化

A. 根据果实外观和纵横径变化，划分 6 个时期

B-E. 花序内部发育过程：B. 花序；C. 小花；D. 种子；E. 小花和胚（VB：维管束；E：胚；Sp：种皮；P：花梗）

F-I. 生理指标变化：F. 果皮和花序的花色苷含量；G. 花序轴和小花长度 / 厚度；H. 可溶性糖含量；I. ABA 含量和乙烯释放量

注：数据来自 3 个生物学重复的平均值 ±SD（$n = 3$）。根据单向 ANOVA（post-hoc Tukey's HSD test），* 表示存在显著差异，$P < 0.05$。

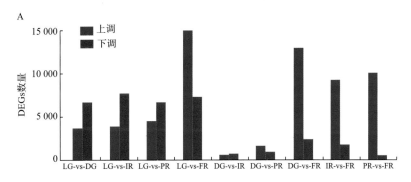

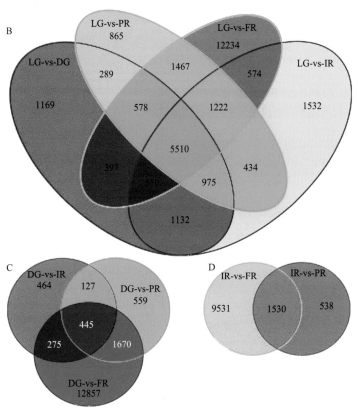

彩图 3-2　不同发育阶段的差异表达基因的分析

A. 由 NCBI-NR，SWISS-PROT，TrEMBL，Pfam，KOG，GO 和 KEGG 数据库总结了包括 LG，DG，IR，PR 和 FR 在内的文库对之间上调 / 下调的 DEGs 数量

B-D. 每个阶段库对之间不同 DEGs 的维恩图，包括 DG / IR / PR / FR 与 LG（B），IR / PR / FR 与 DG（C）和 PR / FR 至 IR（D）

注：LG：大绿时期；DG：褪绿时期；IR：始红时期，PR：片红时期；FR：全红时期。

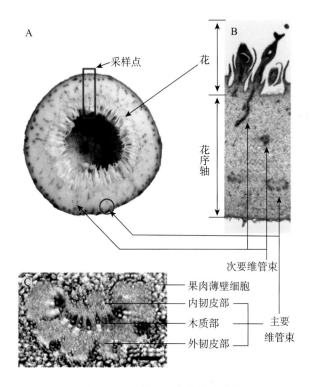

采样点

花

花序轴

B

次要维管束

果肉薄壁细胞
内韧皮部
木质部
外韧皮部

主要维管束

C

彩图 3-3　无花果果实维管束分布

A. 无花果染色果实横切面图，显示了维管束的分布情况，以及采样部位

B. 图 A 采样部位无花果果实横切面解剖图，果实由花序轴和其上着生的花组成

C. 无花果果实主要维管束及其周围果肉薄壁细胞横切面徒手切片图，无花果主要维管束为双韧维管束

注：标尺长度 100μm。

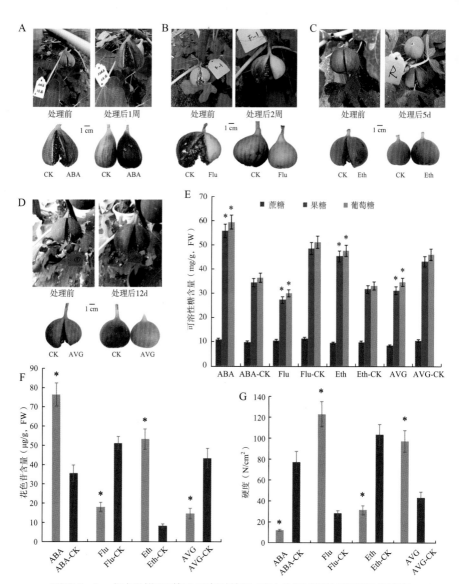

彩图 3-4　褪绿时期无花果果实对外源 ABA 和乙烯及其抑制剂的响应

A-D. 与对照相比，100μmol/L ABA，1mmol/L 氟啶酮（Flu），400μmol/L 乙烯利（Eth）和 400μmol/L AVG 对处理果实表型的影响，在体内（上方）和体外（下方）从侧面（左侧）和正面（右侧）拍照

E-G. 与对照相比，100μmol/L ABA，1μmol/L 氟啶酮，400μmol/L 乙烯利和 400μmol/L AVG 对包括处理果实可溶性糖含量（E），花色苷含量（F）及硬度（G）的影响

注：试验重复 3 次 ±SD（n=3）。根据单向 ANOVA（post-hoc Tukey's HSD test），在 P <0.05 时，* 表示存在显著差异。

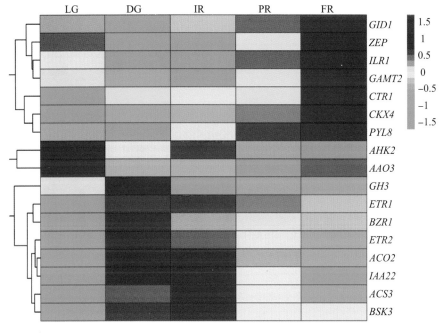

彩图 3-5 RNA-seq 鉴定的差异表达基因的热图和聚类分析

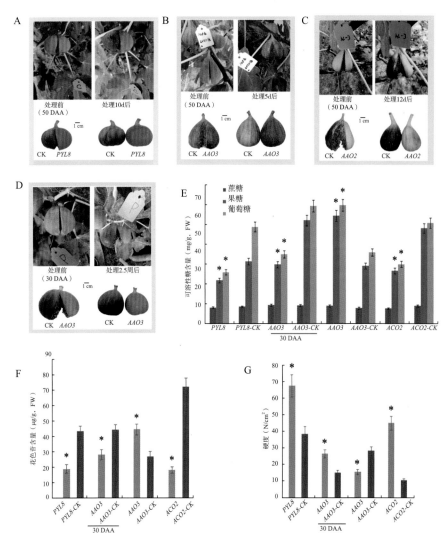

彩图 3-6 发育无花果果实中 *FcPYL8*，*FcAAO3* 和 *FcACO2* 表达的沉默

A-C. 通过注射花芽分化后（DDA）50d 未离体的褪绿无花果果实，观察分别注射（A）*FcPYL8*-，（B）*FcAAO3*- 和（C）*FcACO2*-RNAi 果实的表型，Bar=1cm

D. 通过在花芽分化后 30d 注射未离体的大绿时期果实，来观察 *FcAAO3*-RNAi 果实的表型

E-G. 转基因果实中与成熟相关的参数，包括（E）可溶性糖含量，（F）花色苷含量和（G）硬度

注：试验重复 3 次 ±SD（*n*=3）。根据单向 ANOVA（post-hoc Tukey's HSD test），在 *P*<0.05 时，* 表示存在显著差异。

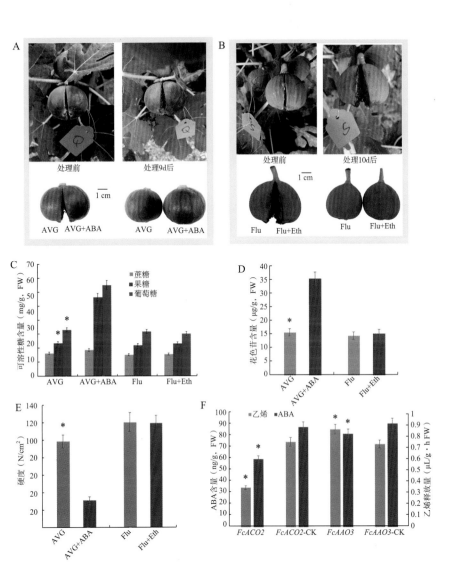

彩图 3-7　药理组合分析以及转基因果实中 ABA 和乙烯（Eth）的含量

A. 400μmol/L AVG+100μmol/L ABA

B. 1mmol/L 氟啶酮 +400μmol/L 乙烯利；Bar=1cm

C-E. 药理学（400μmol/L AVG+100μmol/L ABA）和（1mmol/L 氟啶酮 +400μmol/L 乙烯利）的组合对成熟参数的影响，包括可溶性糖含量（C），花色苷含量（D）和硬度（E）

F. 与对照（CK）相比，研究了 FcAAO3- 和 FcACO2-RNAi 果实中 ABA 和乙烯的含量

注：试验重复 3 次 ±SD（n=3）。根据单向 ANOVA（post-hoc Tukey's HSD test），在 P<0.05 时，* 表示存在显著差异。

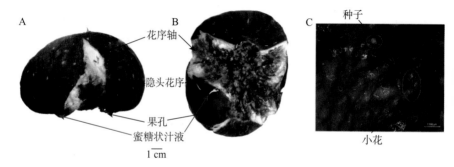

种子

A B C

花序轴

隐头花序

果孔

蜜糖状汁液

小花

1 cm

彩图 3-8 充分成熟的无花果果实的"溢糖"现象

A. 正视图 B. 仰视图 C. 部分花序轴(小花簇)体式显微镜照片

彩图 4-1 冻干无花果

图 4-3 无花果果脯

采图 4-2 无花果叶茶